パソコン操作の基礎技能

監修　北海道大学大学院情報科学研究科
博　士　　小　野　哲　雄

著作 & DTP　　　蝦　名　信　英

出版　サンタクロース・プレス合同会社
http://www.santapress.me

はじめに

　本書は、IT 化時代のためのパソコン技能の履修を目的として著した「BASIC でわかる数学」同筆者 1999 年ソフトバンク・パブリッシング出版（現在絶版）をベースに、大学、専門学校、研究所および実社会に出た時に必要となる技能を解説した指南書です。

　もちろん、すでにパソコンについての興味を持っていて、より詳しく学んでみたいという読者の皆さんには、最適な書となるでしょう。

　パソコンのハードウェアとソフトウェアには、人類が築き上げてきた英知に満ちています。それは人類の文字の発見と等しく、これまでの文明や文化を大きく変えてしまうほどの衝撃を持っています。

　吾が国は、文字を漢字に習いました。漢字に和風の読み方を付着し、さらには、ひらがなとカタカナを産み出したのです。

　他の漢字国はというと、民衆支配のために漢字を難解にするために複雑化して、支配者のための文字へと変化させ、民衆から文字を奪い取り、ついには民衆を文盲にしてしまいました。近年には、漢字という文字の使用を止めてしまったのです。これに反して、日本は、ひらがなとカタカナを独自に作って、独自の文法を守り、日本語を広く民衆に行き渡らせる努力をしてきたことは、日本民族として特記すべきことです。

　その国のための文字があることで、独自の文化・文明を発展させてきたように、２１世紀はパソコンが文化・文明の進化を促進します。言い換えると、かつての日本が万葉の太古に漢字という文字を得たように、現代はパソコンとその技能を得たのです。

　こうして歴史を重ねて見ると、パソコンは丁度、万葉仮名に位置します。当て字でしかなかった万葉仮名こそは、今のパソコンであり、能力的には稚拙なマシーンでしかないという段階です。

　文字の発展が、一人でも多くの参加者によって支えられてきたように、パソコンを進化させるためには、一人でも多くの人々の参加が必要です。

　漢字を独自に進化させ、ひらがなとカタカナを発明し広めたように、パソコンはいつの日か、誰かが進化させ、有力な思考ツールとすることでしょう。

　パソコンが思考ツール・マシーンへと進化させるためのエンジニアを、一人でも多く輩出するために、一人でも多くの方々にパソコンの無限の可能性を感じてもらうために、本書を編みました。

　読者の皆様が、パソコンを知る一助となりますよう願いまして、はじめの言葉とさせていただきます。

　　　平成 28 年 1 月

　　　　　　　　　　　　　　　　　　　　　　　　　　　著作者 しるす

監修の言葉

　パソコンを含めた IT 化環境は、教育の教材であるというアイディアは、教育が持つ勉学の魅力を広げます。

　0 と 1、つまり有る、無しの判定により、演算や論理的な思考を整理することができることを発見したのは、英国のジョージ・ブールでした。彼のこの理論を、ブール代数といいますが、現代のコンピュータを創造する上ではなくてはならない理論でした。

　彼は同時に、当時の教育教材に優れた数学の教科書がないことを嘆き、子どものための数学の教則本を著したことでも知られています。

　つまり、ブールは、自らの代数を研究するばかりでなく、新しい時代のためには新しい教材が必要であることを実践した人でもあったわけです。

　ブールを始めとする先人が築き、受け継がれたコンピュータは、現代に入ってパソコンに進化し、より身近な存在になりました。

　翻って、人類の英知に満ちているパソコンを教材ととらえ、パソコンが持っている能力を最大限引き出すことは、パソコンを持っていなかった時代の偉人たちを超越することにもなります。

　パソコンを教材として見た場合に、他の教材と異なるところは、理論的な課題の解決手段を学ぶばかりでなく、生活の実践としても活用できることにあります。

　例えば、一方で数学的な数値計算法を学びながら、他方では収支計算表を作成するといったように、計算を通じてパソコンを使うと垣根となるものがないのです。

　垣根のないパソコンの世界を体験することで、医学や科学に興味を持ち、他国の語学を学ぶきっかけになったり、未解決の課題を紐解く人材を培うことにもなるでしょう。

　すなわち、パソコンを通じて操作能力を高めたりプログラミングを勉強することは、社会を科学化に導き、今までにない発見と共感のためのツールであることがわかるはずです。

　パソコンを自由に使うことができる環境にこそ、将来を産み出すための教育があります。その環境を通じて学ぶ子どもたちには、今までにない無限の可能性を見いだすことができます。

　教育を支える大人たちは、子どもたちに向けた良質な教材を提供する側に立つべきときがきたことを自覚しなくてはなりません。

　本書が、科目間という障壁を少しでも低くするための一翼とならんことを願い、監修の言葉とさせていただきます。

監修　北海道大学大学院情報科学研究科 博士 (情報科学)

小　野　哲　雄

平成 28 年 1 月　札幌にて

本書の補足とインターラクティブ QR コードと正誤訂正について

本書は、各章に補足のための QR コードをもくじに掲載しています。また本書の正誤は、http://www.santapress.me/pasocon_book/ に掲載しています。

本書の構成

本書は、パソコン操作の基礎技能を次のように定義し、基礎技能の前のレベル、基礎技能を履修して次の段階に進むことができるレベル、基礎技能を持って進むレベルの三段階を想定しています。

基礎技能前のレベルとは、現在の高等学校で学ぶパソコン操作の段階です。第 1 章の最後にポストテストがあります。このポストテストの項目全てを、難なく操作できたなら、基礎技能前のレベルをクリアしているとみていいでしょう。

基礎技能前のレベルをクリアすることなく、本編に挑むのは少し勇気が必要です。

基礎力にムラができて、将来において得手不得手の落差が広がります。できるだけ、基礎技能前のレベルをクリアしてから、次の段階に進むことをお勧めします。

基礎技能を履修して次の段階に進むことができるレベルが、本書の担当とするところです。

優秀なプログラムエンジニアは、良質のソフトをよく知っています。

良質のソフトウェアが、忽然と産まれるわけがなく、先人たちが過去に戦ってきた成功・失敗をよく研究しています。

良質なソフトの研究が、さらに良質のソフトウェアを産み出します。

本書は、良質なプログラムをできるだけ多く紹介し、解説することで、良質さを実感し基礎となるようまとめてあります。

本書の基礎技能がわかれば、次は基礎を卒業して、プロとして挑戦する段階に入ります。

データベース・プログラミングや CAD、3D や CG の世界に飛び込んでも、必ずや本書で培った基礎技能が役に立つでしょう。

また、本書は、「最小の投資で最大の効果」をモットーとしています。

パソコンの基礎を学ぶ上で、自由に使えるパソコンが目の前になくてはなりませんが、最新である必要はありません。本書の基礎を学ぶだけのためのパソコンは、アップル社製であるなら、MacOS X が稼働し、インターネットが接続できているものなら何でもよく、ウィンドウズであるなら、xp 以上であるなら何でもいいです。

また、パソコンが、常時インターネットに接続されている必要はなく、必要に応じてダウンロードしたものを保管できる環境があれば、存分に勉学できます。

もくじ

http://www.it-study.biz/saito_2/pasocon_book/pasocon4.html

第1章　パソコン操作と健康被害

VDT、ネット犯罪、開発環境

第1節　VDT とは何か

Visual Display Terminals の頭文字をとって VDT といいます。意味は、パソコンや汎用機の端末等の画像表示についての注意事項です。

VDT は、厚生労働省が管轄し、各省庁への労務のガイドラインとして作成されました。それを「VDT 作業における労働衛生管理のためのガイドライン」といいます。

ガイドラインですから、ラインの外と内側があります。

国家機関が出すガイドラインの内側は、規格や準拠と同じです。ルールを守ろう、というスルーガンと同じで、注意喚起を意味します。

この注意喚起は、労働災害に直結しています。

炭坑の鉱山に入るときは、防塵設備した服を着用すること、というのも VDT と同じガイドラインです。もし、防塵服を着用しないで鉱山に入り、長期労働して塵肺になっても、国家は塵肺の労働災害を認めませんよ、という日本国の御触書のようなものです。

労働衛生管理のガイドラインは、業務で使う用具や機材に関して、細部に渡って注意を喚起しています。最初のガイドラインは、事務用の椅子の足でした。当時の回転椅子は、図のように4本しかなかったので、壊れやすく、壊れた椅子で事故が頻発しました。事務職の公務員も例外ではありませんでしたが、公務員の労働環境を守るセクションというのがありません。そこで、公務員を含めた全事務職員の厚生指導として、5足以上の椅子を使うようガイドラインを示したのが VDT の始まりです。

5足の椅子を義務づけた功績が大きいのですが、次に打ち出したのが、パソコンや端末機のブラウン管での使用に関してでした。

ブラウン管のモニターを長く見ていると、目の疲労、肩こり、腰痛を生じさせます。そこで、ブラウン管を使ったモニターの使用にガイドラインを設け、ガイドライン外での使用には、労働災害としての適用ができないようにシャットアウトしたのです。

画面が液晶に代わった今でも、VDT はガイドラインとして、パソコンを使用するすべての人々に注意喚起を促すようになりました。

注意喚起事項 ‖‖
モニターを使う労務は、50分または60分を単位とし、10分間の休憩をすること。
連続して長時間の作業を行わないこと。

例題 1 -01　VDT

　パソコン操作における健康被害を避けるための注意事項を５つ挙げ、簡潔に説明しなさい。

解説

　汎用機全盛で端末のパンチ業務が主だった時代は、キーボード入力による腕の部分の腱鞘炎になるケースが多く、腕の位置や椅子の肘かけの有無、高さ調節についての厳しいお達しがありました。

　次に健康被害で問題になったのが、ブラウン管によるモニター画面です。

　ブラウン管式の画像は、フリッカによる影響を受けることになるので、目の痛み、腰痛、肩こりになります。そればかりでなく、ブラウン管から四方八方に飛ばされるマイクロ波も、人体に何らかの影響があるものと指摘されていました。

　ブラウン管式の画像を長く見ていると、個人差に関係なく、疲労感、脱力感を感じることは、統計的に証明されていたので、このときの対策として VDT を告知し、ガイドラインとしたことは前述しました。

　ブラウン管によるパソコンの使用が、人体にとって大変危険であることも一因となって、液晶画面の開発が進められ、今日に至りました。

　この間、伴って医学も進み、腰痛の原因のほとんどは、同じ体勢を続けることによる腰から脳への信号であるということが判明すると、無理な姿勢を保ちながら長時間にわたるパソコンの利用を避けるよう警告するようになりました。特に、ノートパソコンのようなモニターとキーボードとの距離がほとんどない場合は、利用者の体勢はどうしても、よろしくないことになります。

　さらに、正しくない姿勢でモニターを見続けて作業をすると、首の骨がまっすぐになってしまうストレートバック症候群を引き起こし、頭痛や肩こりの原因とされるようになりました。

【例題１の解答例】①正しい姿勢が保持できること。②長時間の連続操作を避け、60 分の操作に対して 10 分の休憩を挟むこと。③マウス操作およびモニター上でのタッチ操作は、心臓より低いところで行うこと。④腱鞘炎を防ぐために、マウスおよびキーボードによる細かな往復と連続操作の禁止。⑤モニターと肉眼との距離は、1m 以上確保すること。

　ネット社会が存在しなかった時代と比較して、WEB やメールは何に当たるかというと、それは、郵便葉書であり新聞に挟み込まれてくるチラシ、テレビ放送の CM、ダイレクトメールです。

　インターネットは、秘密がない葉書を基本としていて、各企業、団体からのコマーシャルを見るための放送契約をしているのだ、ということを自覚すべきです。

　もしもそうでなくて、手紙のように関係者以外に見られたくないのなら、WEB との接続がない専用回線を使えばいいのです。専用回線と、そのための専用のソフトウェアを使ったならば、不特定多数のクラッカーに、そうやすやすと盗まれるようなことはありません。

　つまり WEB などのネット利用は、告知を意味するものであり、一人でも多くの人に伝達することを目的としています。それを証すのは、ドメイン名の末尾に、.com や .co が書かれている記号にあります。com や co は、コマーシャル（Commercial）の意味です。

　すなわち、WEB を閲覧する側も、WEB を使って放映する側も、宣伝広告を前提としているのであって、商業活動の一環として WEB を活用しています。

　DM や葉書を使って、大量に広告する中で、特定の人に対する誹謗中がないように、どんな WEB であれ、特定の人を攻撃することを目的としてネット上に公開するすることは、名誉毀損です。

　かつて、ホームページの書き込みは、公衆便所の落書きと同じだ、と公言した人がいました。「WEB による商業活動がホームページである。」という認識に立ったならば、公衆便所の落書きという認識は間違いであることがわかります。

　なぜなら、便所の落書きが、不特定多数の人に読まれることはないからです。

　便所の落書きの場合、名誉毀損となる落書きがあっても、第三者の人がペンキを使うなどして簡単に消すことができます。それに、落書きを読んだ人がどれだけいるのかという特定ができません。

　一方、WEB が商業活動の一環として位置する以上は、第三者の人が落書きをペンキで消すような簡単には消せないことも自覚すべきです。お金を出して掲示板に張ったポスターに、第三者がペンキを塗り立てることは、WEB サイト（WEB を掲載している場所やサーバーをサイトといいます）にアップした個人や企業および団体に対して営業妨害をすることになります。

　上記したことを考慮してクラッカー行為(特定のホームページのサイトに密かに侵入し、そのページを消したり、別の文言を書き込むこと）は、営業妨害ばかりでなく著作権侵害にあたることは明白なことです。

― 例題1-02　ネット犯罪 ―

　ネットを利用した犯罪が増大しているのにも関わらず、これを低減できない理由は何か。

解説

　ネットを利用した犯罪のほとんどは、いじめです。

　メールやチャットを使った文章による悪口、誹謗中傷が多く、次いでリベンジ・ヌードなどの秘密の暴露も増大してきました。

　ネット上に存在している写真やロゴを、許可無くコピーできる状態も商標権の侵害を助長します。

　前述したように、インターネットは、コマーシャルを前提として作られています。

　コマーシャルにも、ルールがあるように、インターネットのコマーシャルにもルールがあります。商業的な売買や売買の促進を行う場で、特定の人を攻撃することは名誉毀損にあたります。

　週刊誌に、根も葉もないことを事実のように記事にすると、記事にされた方が名誉毀損罪で訴えることができるように、ネットを使った個人攻撃も同様に、程度の差に関係なく名誉毀損であり、損害賠償責任の対象になります。

　ホームページのように、比較的に長く放映している場合は、第三者であっても URL と誹謗の証拠をハードコピーなどで残し、証拠として残すことができます。

　しかしながら、メールやチャットは、そうはいきません。誰がそのメールを書いたのか、という完全な証拠を残すことができないからです。

　ネットを使ったコミュニケーションを通じて、人類が悟ったことは、正しい教育を受けていない人が集まれば、そこには必ずいじめが存在するということです。反対に、教育を受けているのに、いじめがあるということは、その教育が間違っているという証明でもあります。メールやチャットが存在しない時代の教育では、いじめはクローズアップされることがありませんでした。そのことは、つまりは間違った教育を温存させることであり、いじめの黙認あるいは放置でもあったといえます。

　教育を正したならば、メールやチャットはより有効なコミュニケーション・ツールとなります。人が集まればいじめが存在する、という命題は、メールやチャットの時代において、人類史上において初めて克服されることの一つとなるでしょう。

【例題2の解答例】①ネット社会が新しいために、十分な訓練を受けてきていない人たちがほとんどであること。②警察機関、司法の IT 化の立ち後れ。③ネット犯罪が、証拠を残さない通信を利用できるため。④ネット社会といいながら、そのための専門機関が少なく、ルール化され、犯罪としての確立がされてないため。

　パソコンの本来の目的は、開発です。

　プログラムして何かを作って成果物としたり、ソフトウェアを利用してデータを変換したりすることが目的です。パソコンが製造されて進化してきた現代であっても、その目的が変わったことはありません。

　すなわち、パソコンは、開発環境そのもを指します。

　パソコンから見ると、WEB もメールもすべて開発ツールの一つです。

　例えば、データベース型のソフトウエアの開発を委託されたとしましょう。

　ツールの使い方は恐らくソフトメーカーのホームページのどこかに解説があって、その仕様に乗っ取って作るよう開発リーダーからメールが届くかもしれません。

　割り当てられたプログラムの内容と納期、進捗管理方法のメールも届くことでしょう。

　自宅で行おうが、会社で行おうが、発した命令の記録を残す必要があるので、必ずメールがきます。口頭でいわれたことを再度自分の言葉に直して、リーダーにメールさせる人もいるでしょう。

　開発を始めると、矛盾点や仕様がはっきりしていない箇所が出てきます。リーダーに即相談する場合も、メールを使います。

　こうして、依頼者、リーダー、開発者が発言する情報を残して共有化することで、プログラミングします。メールや作成途中の資料、画面を総称して「ドキュメント」といいます。

　かつては、プログラムとそのプログラムの意味を記述したコメント文をドキュメントとかドキュメンテーションといいますが、最近ではメールが発達したので、依頼者、リーダー、開発者が送受信したメールのやり取りを含めて、そういうようになりました。

　パソコンは、開発環境なので、依頼者が保有しているパソコン上でも、開発者のパソコン上でも、全く同じように稼働させることで進捗やエラー、バグの確認ができます。

　こうして瑕疵責任という事態を明確化し、責任の所在をはっきりさせるようにします。

　パソコンの普及台数と iPhone のような情報端末の普及台数を比較する人がいますが、明らかに間違いです。かつては iPhone のような情報端末がなかったので、パソコンで代用して使っていたのに過ぎないからです。情報端末が iPad や他の通信 Pad で実現できるようになれば、パソコンが購入される割合が下がることは明白なことです。

　iPhone ばかりでなく、CPU（プレセッサ）が搭載されている物はすべて端末機器として見ることができます。時間設定できる電気釜、衣服の量を検出する電気洗濯機、ゲーム機など、どれをとっても大本はパソコンを使ってソフトウェアを開発し、専用にチップに焼き付けることで、端末を実現しています。

┌ 例題 1 -03　開発環境 ┐

自分自身が持っているパソコンの開発環境をまとめなさい。

解説

　自分が使っているパソコンのスペックは、前もって確認し、忘れないためにもメモをしておくことです。

　確認しておく最低限の項目は、起動している OS 名とバージョン、プロセッサ名とクロック数、搭載しているメインメモリの容量、HDD の容量と空きの容量です。

■マックの場合：トップ画面のメニューから左端 🍎 マークをクリックし、「このマックについて …」を選択すると、上記のような表示があります。これを about 表示といいます。各アプリケーションを起動すると、🍎 の隣のアプロケーション名をクリックすると、アプリケーションの about 表示をするように統一されています。

■ウィンドウズの場合：コントロールパネルを選択し、システムとセキュリティの中のシステムをクリックしていけば、下記の図のような画面になります。その画面の中に、ウィンドウズのバージョン、RAM のサイズ、システムの種類（32 ビットなのか、64 ビットなのかの表示）があります。

第4節　プレテスト

　ここの節は、アンケート形式です。マック、ウィンドウズに関係なく下記の質問は共通しています。各アンケートに一問でも答えられない項目があれば、近くにいる熟知している人やマニュアルなどで調べるなどして解決しておいてください。

【問1】パソコンに接続されている全てのケーブルを外しても、元の通りに 接続し直して、再度電源を入れることができますか。下記より選択してください。

1. はい、できます。　　2. 自信はないが、たぶんできます。　　3. 全く自信がないので、よくわかる人がそばについていないと接続できません。　　4. 何のことを質問されているか不明です。

【問2】有線または無線の別なく、パソコンをインターネットに接続することができますか。下記より選択してください。

1. はい、できます。　　2. 自信はないが、たぶんできます。　　3. 全く自信がないので、よくわかる人がそばについていないと接続できません。　　4. 何のことを質問されているか不明です。

【問3】マウス操作のクリック、W クリック、ドラッグ、右クリック、スクロールが問題なくできますか。下記より選択してください。

1. はい、できます。　　2. 自信はない操作もあるが、たぶんできます。　　3. よくわかる人がそばについていないと操作できません。　　4. 何度か挑戦したが、できませんでした。

【問4】ファイルの拡張子を表示しなさい、といわれたら、どうすればいいか操作方法を知っていますか。下記より選択してください。

1. はい、OS に関係なく、両方できます。　　2. 両方の自信はない操作もあるが、たぶんできる。　　3. よくわかる人がそばについていないと操作できません。　　4. 何のことを質問されているか不明です。

【問5】パソコンに装備されているテキストエディタを起動する、の意味がわかって、テキストエディタを起動することができる。下記より選択してください。

1. はい、OS に関係なく、両方できます。　2. 両方の自信はない操作もあるが、たぶんできる。　3. よくわかる人がそばについていないと操作できません。　4. 何のことを質問されているか不明です。

【問6】作成したファイルを、所定のフォルダにしまうことができますか。下記より選択してください。

1. はい、OS に関係なく、両方できます。　2. 両方の自信はない操作もあるが、たぶんできます。　3. よくわかる人がそばについていないと操作できません。　4. 何のことを質問されているか不明です。

【問7】フォルダに保管したファイルを見つけ出し、外付けの HDD にコピー保管ができますか。下記より選択してください。

1. はい、OS に関係なく、両方できます。　2. 両方の自信はない操作もあるが、たぶんできる。　3. よくわかる人がそばについていないと操作できません。　4. 何のことを質問されているか不明です。

【問8】フォルダの名称の変更ができますか。下記より選択してください。

1. はい、OS に関係なく、両方できます。　2. 両方の自信はない操作もあるが、たぶんできる。　3. よくわかる人がそばについていないと操作できません。　4. 何のことを質問されているか不明です。

【問9】キーボードを使って、半角 ^ や ~ 記号を表示したり、名称を言うことができますか。下記より選択してください。

1. はい、できます。また、名称を言うこともできます。　2. 表示することはできるが、全ての記号名の名称はわからない。　3. 出せない記号があって苦労する。

【問10】メール文が文字化けしても直して読むことができる。下記より選択してください。

1. はい、OS に関係なくできます。　　2. 文字化けに出会ったことがないので、わからない。　3. 文字化けを自分で直したことはないし、直せない。

【問11】バックアップの取り方を知っている。下記より選択してください。

1. はい、OS に関係なくできます。　　2. バックアップをしたことがない。
3. バックアップの意味がわからない。

【問12】テキスト文中のコピー＆ペースト（貼付け）ができますか。下記より選択してください。

1. はい、OS に関係なくできます。　　2. まだやったことがないのでわからない。
3. コピー＆ペーストの意味がわからない。

【問13】エイリアス（マック）とショートカット（ウィンドウズ）の作り方を知っていますか。下記より選択してください。

1. はい、OS に関係なくできます。　　2. まだやったことがないのでわからない。
3. エイリアスまたはショートカットの意味がわからない。

【問14】有線・無線の別なく、プリンタとの接続を行って、プリントアウトすることができますか。下記より選択してください。

1. はい、OSに関係なくできます。　　2. 知っている友人らに設定をお願いしているので、自分にはわからない。　3. まだやったことがないのでわからない。

【問15】有線・無線の別なく、LAN 接続を行って、それぞれに IP を振り分けることができますか。下記より選択してください。

　1. はい、OS に関係なくできます。　　2. 知っている友人らに設定をお願いしているので、自分にはわからない。　3. まだやったことがないのでわからない。

【問16】スクリーンショット（ウィンドウズではプリントスクリーン）を行うキー操作を知っている。

　1. はい、OS に関係なくできます。　　2. 聞いたことがないので、やり方は知らない。

【問17】ファイルの圧縮方法と、圧縮ファイルをメールに添付する方法を知っていますか。

1. はい、OS に関係なくできます。　　2. 聞いたことがないので、やり方は知らない。

【問18】圧縮ファイルを解凍して表示する方法を知っていますか。

1. はい、OS に関係なくできます。　　2. 聞いたことがないので、やり方は知らない。

　プレテストの内容は、以上です。

　この内、一題でもできないところがあれば、自分のパソコンを使うなどして、必ず克服しておきましょう。本書のアペンデックスを参考にしてください。

第2章　アプリケーションの基本操作

表計算・ドロー・ペイント

第1節　アプリケーションとファイル

　パソコンは、パソコンのハードウェアと通信して制御する OS 部とソフトウェア部（アプリケーション）、ソフトウェア部によって生成されるデータ部に分かれます。どれもファイルという単位で存在します。

　ファイルにはファイル名の後に．（文字のドット）記号という構成になっていて、.txt や .app のように拡張子がついています。

　.exe は、Windows 系のアプリケーションを指し、.app はアップル社のアプリケーションを指して、実行ファイルと言い方をすることがあります。これ以外は、データファイルといい、基本的には、単独で表示したり、実行したりすることはできません。

　パソコンのアプリケーションは、大きく表計算ソフト、ドローソフト、ペイントソフトの３つに分けることができます。

　日本語では表計算ソフトといいますが、米国ではスプレッドシート（SpreadSheet）あるいはカルク（Calc）といいます。第１章で確認したテキストを主体として作られたアプリケーションです。パソコンは、表計算ソフトが出現しなければ IT 革命にはならなかったろうといわれるほど、今ではスタンダードになったソフトです。

　本編では、マイクロソフト社のエクセル、オープンオフィスのカルク、アップル社の Numbers を交互に使って操作説明をします。

　ドローソフトのもともとは、CAD（キャド）ソフトです。CAD で設計した図面を CAM（キャム）が読み取って、工作機械を稼働させます。パソコンの基盤やメモリ、プロセッサーなどのミクロ基盤は、もはや人の手で工作することはできません。そこで登場したのが CAD-CAM です。

　CAD はやがて、建築設計や都市設計のソフトへと発展し、独自の路線を進むことになります。CAD が実現したソフトウェアの方法は、ドローソフトとしてパソコンに展開され、一般化しました。

　本編では、ドローソフトの代表として、アドビ社のイラストレータ CS2 を使って、解説します。

　ペイントソフトは、日本では「お絵描きソフト」といいます。基本はドットです。最も有効なのは写真加工です。

　本編では、ドット操作の代表格としてアドビ社のフォトショップ CS2 を使って、解説します。

第2節　表計算ソフト

　パソコンは便利な計算機である、という考え方に立つ人ならば誰でも、表計算ソフトは極めて有用なツールになります。パソコンを計算機とは考えなくてもいいような仕事をする方々にとって、表計算ソフトは使う必要がないソフトです。

　もし、読者の皆さんの中で、理系文系に関係なく、科学を用いた仕事に就きたい方は、表計算ソフトの履修は必修事項です。

　本編は、表計算の基礎的な操作から始まって、社会生活を営む上でよく使う経費計算を使って紹介します。

　表計算ソフトと呼ばれているアプリケーションは、第1章で解説したテキスト入力を発展させたものです。第1章のテキスト入力のことがわからないままに表計算ソフトに挑戦しても、無理があります。

　テキスト入力でチェックしておくことは、英数入力と全角入力の違いと切り替え、Tab キーと return キー操作、演算記号です。

　左下の画面は、Calc ソフトとして表計算ソフトが売り出された当初の画面です。右下の画面は、最近のエクセルの画面です。背景色は異なりますが、基本的に、セルに数式を記述する方法も、行列の表示方法も大きな変化がないことがわかります。

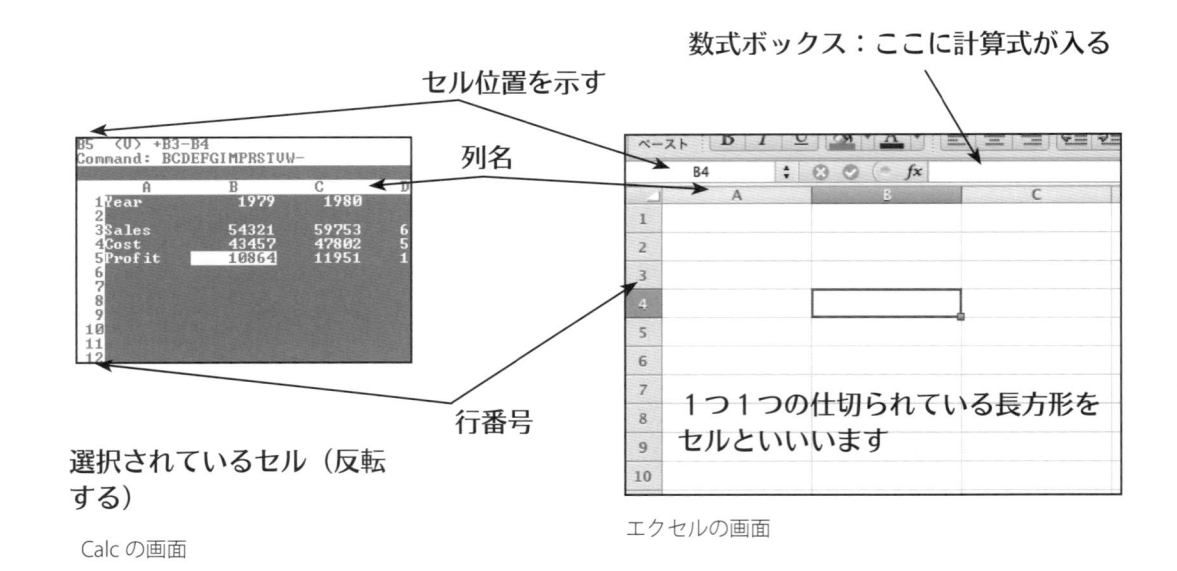

数式ボックス：ここに計算式が入る

セル位置を示す

列名

行番号

選択されているセル（反転する）

Calc の画面

1つ1つの仕切られている長方形をセルといいます

エクセルの画面

　セルとは、植物などの細胞を意味しています。タマネギを拡大してみると、細胞が格子状になって見えます。これをセルといいます。

　表の画面1枚をシートとか、ワークシートあるいはスプレッドシートといいます。

本編で言及している表計算ソフトの名称とバージョンを下記に示します。

【マイクロソフト社エクセル】　URL　https://www.microsoft.com/ja-jp/

| ver2.2 for Mac | ver10.0 for Mac | 2003 for Win | 2007 for Win | 2011 for Mac ver 14.3.8 | 2015 for Win |

エクセルの前身は、マルチプランという表計算ソフトです。アップル社が発売するマッキントッシュのために、作り直したのがエクセルです。日本へは、バージョン 2.2 のときに正式にリリースされました。

以後、改良され 1995 年の windows95 の発売とともに、ウィンドウズ・マシーン向けにオフィスソフトの主力ソフトとしてバージョンを変えてきました。

【オープンオフィスのカルク】　URL　http://www.openoffice.org/ja/

| OpenOffice.org ver 3.xx | | ver 4.xx |

オープンソース時代に、JAVA を使ってのオフィスソフトとしてサンマイクロズ社がバックアップして製作されました。

このソフトのプログラム・ソースは、ネット上に公開され、志がある人にはソースを研究して、自身のアイディアを盛り込んで使うことができるようになっています。

他の表計算ソフトが、有償であるのに対して、オープンオフィスは無償配布を貫いています。

【アップル社 Numbers'09】　URL　http://www.apple.com/jp/mac/numbers/

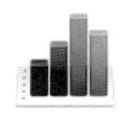

| '08 | '09 |

アップル社が提供する表計算ソフトです。アップル社はオフィスではなく、ワークスという括りで、Pages、Numbers、Keynote を提供してきました。MacOS X 10.7 以降のマシーンからは、無償で配布されるようになったアプリケーションです。

━ 例題 2 -01　Calc 基本演算 ━

　下記の表の D 列のような結果になるよう、A 列の任意の数と C 列の任意
の数を B 列の演算記号と同じ演算を行い、演算結果を D 列に表示するよう
D 列に数式を入れなさい。

	A	B	C	D	E
1	数値	演算記号	数値	演算結果	コメント
2	12345679	－	20000000	-7654321	
3	12345679	＋	20000	12365679	
4	12345679	×	8	98765432	
5	12345679	÷	20000	617.28395	
6	12345679	C6で割った余り	8	7	
7	1234	累乗	3	1879080904	
8	12345679	平方根	√	3513.641843	
9	12345679	∛ 立方根	3	231.1204247	
10	-1234.56	｜ ｜		1234.56	
11	-1234.56		-2	-1200	
12	1234.56		1	1234.6	

解説

　例題の表の各列は、

　　　　　　A 列：任意の数値

　　　　　　B 列：演算記号

　　　　　　C 列：任意の数値

　　　　　　D 列：演算結果（実際の式が入力されているところ）

　　　　　　E 列：コメント　　D 列に入る数式を記述

となっています。11 行目は、整数部の切り上げを示し、第 2 位の切り上げを指定するた
めには -2 とします。12 行目は、小数点第 2 位を四捨五入しています。つまり、切り上げ、
切り捨て、四捨五入は、小数点第 1 位を 0 とし、マイナス値のときは整数部の位を示し、
1 桁目は - 1 で、2 桁目は -2 というように指定します。

　数式で演算記号を使うときは、全て英数入力にしてから数式を作ります。

　第 1 章でも確認しましたが、+（プラス）は加算、-（マイナス）は減算、*（アスタリスク）
が日本語の記号で ×（掛ける）の乗算、/（スラッシュ）が日本語の ÷（割る）の除算に
なります。

　表計算ソフトでは、セルに半角の ＝ キーが先頭にあるときは、そのセルは、数式の計
算結果を表示します。もし、セルの数式を表示したいときは、＝ の前に '（アポストロフィ）
記号を入力します。

【例題 2-01 の解答例】 EXCEL2003 を使用の場合

　正解例の数式をコメントとして記述してあります。数式は、エクセル型といい、「,」（カンマ）で区切ります。

	A	B	C	D	E
1	数値	演算記号	数値	演算結果	コメント
2	12345679	−	20000000	-7654321	=A2-C2
3	12345679	+	20000	12365679	=A3+C3
4	12345679	×	8	98765432	=A4*C4
5	12345679	÷	20000	617.28395	=A5/C5
6	12345679	C6で割った余り	8	7	=MOD(A6,C6)
7	1234	累乗	3	1879080904	=A7^C7
8	12345679	平方根	√	3513.641843	=SQRT(A8)
9	12345679	∛ 立方根	3	231.1204247	=A9^(1/C9)
10	-1234.56	| |		1234.56	=ABS(A10)
11	-1234.56		-2	-1200	=TRUNC(A11,C11)
12	1234.56		1	1234.6	=ROUND(A12,C12)

【例題 2-01 の解答例】 オープンオフィスの Calc と Numbers'09 の場合

　数式の中のパラメータ（変数）の区切りは、「;」（セミコロン）を使います。ロータス型といいます。

A1			*fx* Σ =	数値	
	A	**B**	**C**	**D**	**E**
1	**数値**	演算記号	数値	演算結果	コメント
2	12345679	-	20000000	-7654321	=A2-C2
3	12345679	+	20000	12365679	=A3+C3
4	12345679	×	8	98765432	=A4*D4
5	12345679	÷	20000	617.28	=A5/C5
6	12345679	C 6 で割った余り	8	7	=MOD(A6;C6)
7	1234	累乗	3	1879080904	=A7^C7
8	12345679	平方根	√	3513.64	=SQRT(A8)
9	12345679	3√	3	231.12	=A9^(1/C9)
10	-1234.56	| |		1234.56	=ABS(A10)
11	-1234.56	切り上げ	-2	-1200	=TRUNC(A11;C11)
12	-1234.56	四捨五入	1	-1234.6	=ROUND(A12;C12)

【セルの数値表示とエラー】

・計算結果が #### 表示していて、枠を広げても変わらないときは、表示のオーバーフローを示します。解消方法は、セルの表示フォーマットを選んで、表示桁数を増やします。

・計算結果が、3.14 E+5 や 3.14 E-5 のような表示は、E+5 が 10^5 で E-5 が 10^{-5} を示します。これはエラーではありません。

・割り算のとき、分母を 0 または空白で割ると、セルには #DIV/0! というエラー表示をします。

例題2-02　シリアル値と日付表示

　下記の表のように、A列の日付を入力すれば、B列以降の行は、伴って変更するように作りなさい。

　　　　　A列：日付としてセルに入力します。

　　　　　B列：A列の日付を平成表示に変更して表示させます。

　　　　　C列：A列の日付に曜日を加えて表示させます。

　　　　　D列：A列の日付を管理されている整数値で表示してみます。

　　　　　E列：A列の日付から月名だけを表示してみます。

	A4	fx	2015/4/8		
	A	B	C	D	E
1	日付	平成表示	曜日	整数	月名
2	2015/11/14	H27.11.14	11月14日土	42322	11
3	2015/1/15	H27.1.15	1月15日木	42019	1
4	2015/4/8	H27.4.8	4月8日水	42102	4
5	2015/11/17	H27.11.17	11月17日火	42325	11
6	2015/11/18	H27.11.18	11月18日水	42326	11
7	2015/11/19	H27.11.19	11月19日木	42327	11
8	2015/11/20	H27.11.20	11月20日金	42328	11
9	2015/11/21	H27.11.21	11月21日土	42329	11

解説と解答例　エクセル2003の例

	A2	× ✓ fx	2015/11/14
	A	B	C
1	日付		
2	2015/11/		
3			
4			

　A列を日付の入力セルとするために、A2を選択し半角で2015/11/14のような形式で入力します。

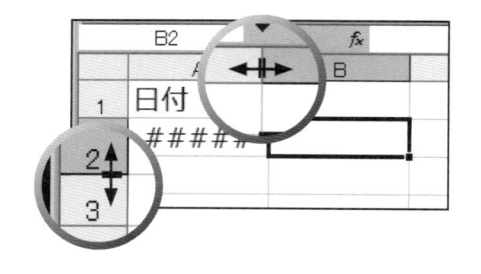

　セル幅が十分に広くないときは、図のように ####が並んで、入力した値の表示を見ることができなくなります。

　このようなエラーは、セル幅を広げることで解消することができます。セル幅を伸縮するには、列番号・行番号の境界にマウスカーソルを近づけます。すると図のようにカーソルの記号が変化します。変化したカーソルのときに、マウスの左ボタンを押したままで左右に（行は上下）ドラッグして伸縮します。表計算ソフトでは、「セル幅の変更」といいます。

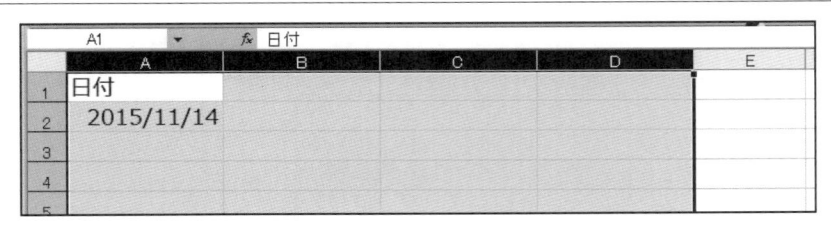

　複数の列（または行）を同時に変更するためには、変更したい列をドラッグして選択し、いったんマウスボタンを開放した後、選択した列内のどこでもいいですから、境界にマウスカーソルを移動します。すると、上の図のようなマウスカーソルに変化するので、変化したタイミングでマウスボタン（左）を押してドラッグして複数の列（または行）を変更します。

　上の図は、A列からD列までを選択し、列幅の変更を行った結果を示しています。

セルに数式を入力

　A列で入力した値と同じものを、B列からD列に反映します。

　セルに数式を入れる場合は、入力したいセルを選択後、半角英数で＝キーを入力します。

　B列はA列と同じ値を表示するので、図のように　＝A2　とキーボードを使って入力するか、＝キーを押した後に、目的とするセル（この場合はA2）をマウスでクリックしてセル名を入力します。

　いづれかの方法を使って入力したら、Enter/returnキーを使って入力を完了します。数式の入力が完成すれば、A列と同じ2015/11/14が表示されます。

　B2の一つが成功したら、後は右方向へコピー（右方向にフィル）を行います。

　B2のセルを選択し、セル枠の右下に■を見つけ、そこにマウスカーソルを合わせます。マウスカーソルが＋に変化したらマウス左ボタンを押したままにしD2までドラッグします。

　完成した1行のセルを他のセルに反映します。

　①図のようにA2からD2までを選択します。

　②セルを選択したら、マウスボタンをいったん開放（ボタンを押さない状態にする）します。

　③マウスカーソルを選択したセル（黒枠で囲まれているセル範囲）の右下の■に矢印を合わせ、＋になることを確認して、④マウスボタン（左）をドラッグして下方向に移動します。

図は9行目までフィルした結果を示しています。

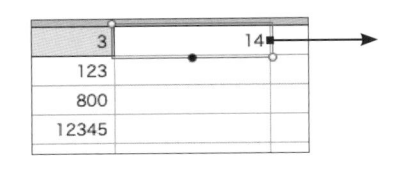

※アップル社Numbers09のフィルは、選択したセルの中央にハンドルが表示されます。これを使って、フィルします。

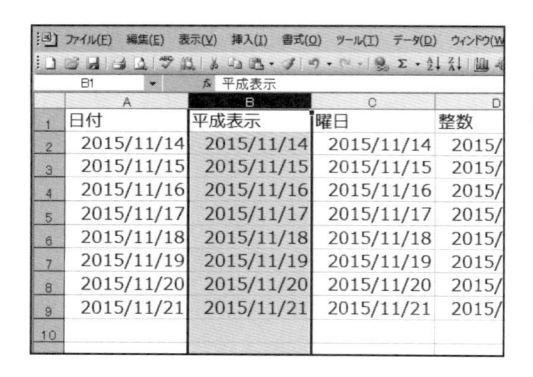

※アップル社 Numbers09 のフィルは、選択したセルの中央にハンドルが表示されます。これを使って、フィルします。

これで、A列に入力されたデータがB列からD列まで反映する式を、セルに記述しました。試しに、A列のセルの値を変化させてみましょう。A列に別の日付を入力すると、伴ってB列からD列まで連動して変化します。

また、フィルを使った場合、日付の場合は1日づつ加算されることを覚えておくと便利です。

次に、同じシートを使って、B列のみ平成表示（和暦表示ともいいます）に変更します。

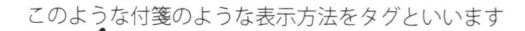

日付ばかりでなく、①その列（図はB列）を選択し、その列を、どう表示させるか指示するためには、OpenOffice と Excel2003 では、

　　　メニューの書式　から　「セル」　を選択します。

このような付箋のような表示方法をタグといいます

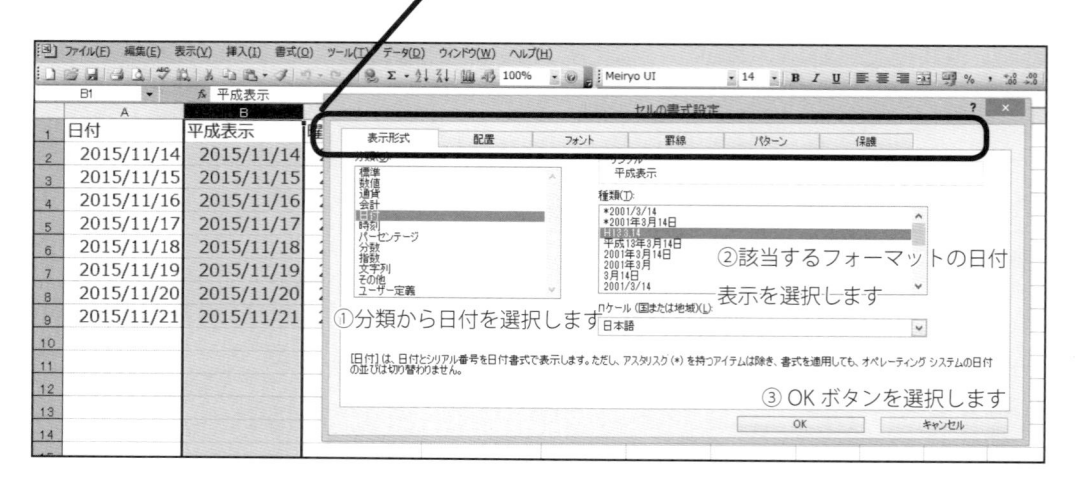

①分類から日付を選択します

②該当するフォーマットの日付表示を選択します

③ OK ボタンを選択します

　「セルの書式設定」画面が出ると、上の図のようにタグ選択ができる画面になります。タグの表示形式を選択し、①分類リストから日付を選びます。すると種類リストが出て②該当する形式のものを選択し、③ OK ボタンでフォーマットが変わります。

　付箋のような表示方法をタグといい、

　　メニュー：書式　の　「セル」　の中の
　　　　　タグ画面「セルの書式設定」：表示形式　の　「日付」

で、表示されます。

　また、表示形式のことをフォーマット（format）といいます。フォーマットを合わせる、とか、フォーマットが違うためにエラーを起こしている、というような使い方をします。

　これで B 列の平成表示は完成です。

　次に、日付データから曜日を表示させます。

　C 列を選択し、B 列同様に、

　　　メニュー：書式　の　「セル」
　　　　　　タグ画面「セルの書式設定」：表示形式　の　「ユーザー形式」

を選びます（下図を参照してください）。

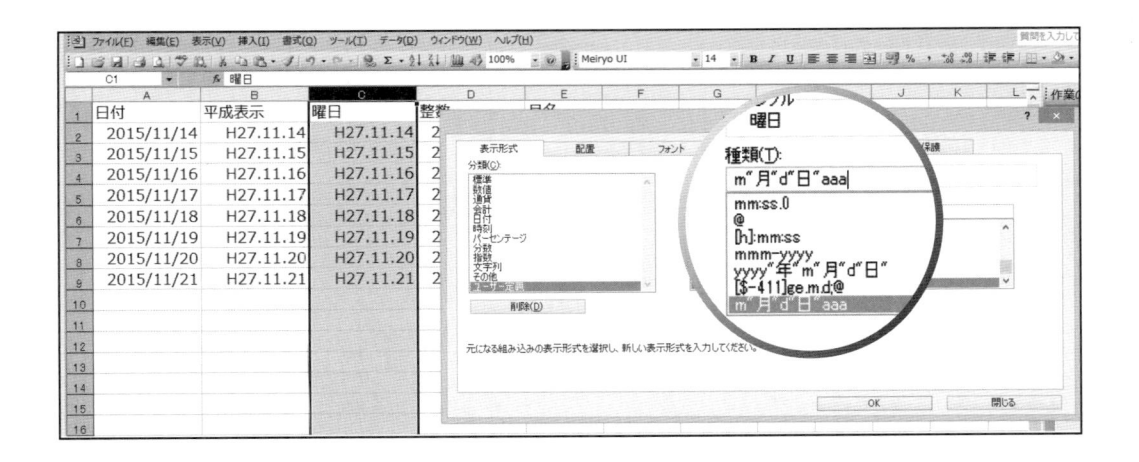

　種類の下に編集用のフィールドがあります。年月日のものを選び、そこへ aaa と a を 3 つ並べて OK します。すると日本語の曜日が表示されます。

　　aaa　月火水木金土日　のどれかが計算されて表示されます。

　　aaaa　曜日が付きます。日曜日、月曜日のように表示されます。

　（水）のような括弧を使いたいときは、・・・(aaa) のように書きます。

　　　もしくは "(" aaa")" のように表記したい記号を ″ で区切ると表示されます。

　　ddd とすると mon tue wed.... のように英単語で表記されます。

　　dddd は、day がついて monday のように表示されます。

以上のようにセルの表示方法を自在に作成することができます。

　さて、次は D 列です。

　D 列は、日付として入力した、たとえば 2015/11/14 は、整数値 42322 であることを確認します。つ

まり、Calc ソフトに日付として入力はしているが、実際には、日付は 1900 年 1 月 1 日を 1 とする整数値で管理されていることを確認してください。そのため、日付どうしの演算ができます。誕生日から何日目なのか、何歳になるのかなどの計算ができます。

　これらを確認するために、D 列を選択します。

　　　　メニュー：書式　の　「セル」

　　　　　　　　タグ画面「セルの書式設定」：表示形式　の　「標準」

を選択します。

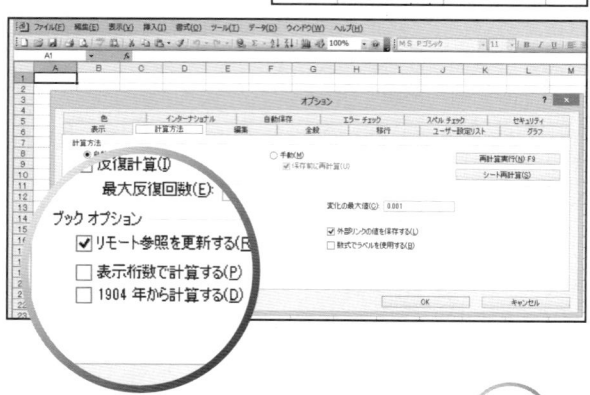

結果、図のように日付が整数値に変更して表示されます。

エクセル 2003 までの日付には、2 つあって、通常は 1900/1/1 を 1 とします。その前日の 1899/12/31 前は、整数変換しません。文字として表示されるので、1900 年より前の日付計算はできません。

また、前述したようにエクセルはマルチプランやマック版のエクセルを引き継いでいるので、

メニュー：ツール　の　「オプション」

　タグ画面：オプション　の　「計算方法」には、「1904 年から計算する」という箇所があり、古いスプレッドシートは、ここにチェックがないと正しい日付計算ができないようになっています。

　つまり、同じエクセルでも、1904 年をスタートとするシートと 1900 年をスター

トするシートでは、日付計算が4年のズレを持つことになり、日付の演算やコピー＆ペーストに支障を
もたらします。

　OpenOffice のカルクソフトでは、1900年1月1日は2です。1899/12/30 が0で、その前は、マイ
ナスが付きます（図下参照）。

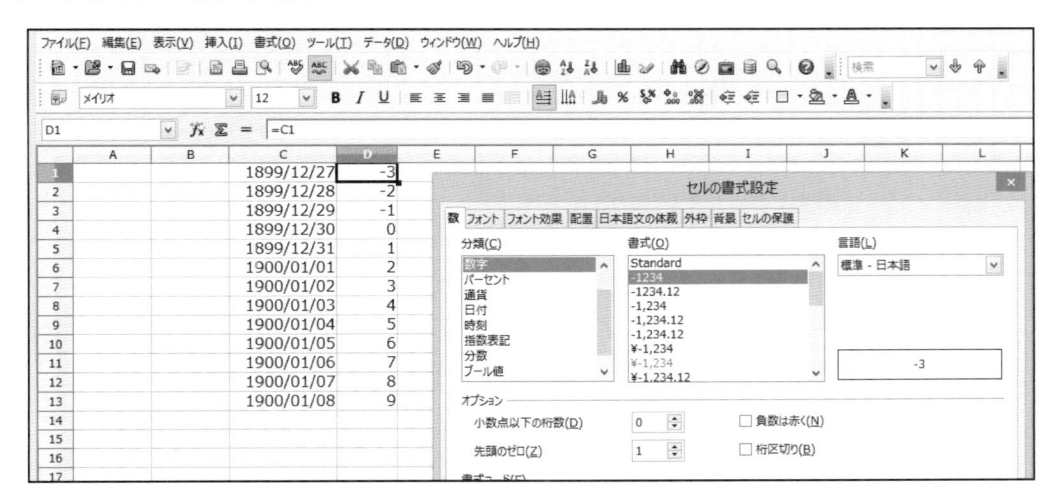

　日付表示の背景には、それを管理する整数値があって、その整数値を使って日付計算を可能にしてい
る、ということがわかったでしょうか。日付も時刻も同じです。日付と時刻を一緒に表示することを、
Timestamp フォーマットといいます。
　たとえば、2015/11/14 12:15:01 というように、日付と時刻の間に英数のスペースが1つ入ることに
なっています。時刻は 42322.51043 のように小数値になって表示されます。
　このように、ある時点（1900/1/1 のような基準日時）から実数に変換する日時専用の値をシリアル
（Serial）といいます。
※ Apple 社の Numbers の、シリアル管理は MacOS 側で行っているために、整数値で表示することは
できません。また、Numbers（MacOS X）の基準値は、西暦1年1月1日です。
　今度は、日付入力されているセルから、月名を算出する数式をセルに書いてみましょう。
　たとえば、2015/11/14 は、11 の月名にあたる数値を表示します。会計計算の時に、入力した日付の
中から、月別にまとめるときなどに便利です。仕分けの際に、よく利用する方法です。
　セルに関数を書けばいいので、int と要領は同じです。
　日付シリアルから月名を算出するのは month 関数を使います。
　仕様では、
　　セル A2 に 2015/11/14 のように日付入力されている場合、セル F2 に
　　　= month(A2)　と書くと、セル F2 は、11 の数値を示します。
　　　　=month(　シリアル値　)　　月名を返します。2015/11/14　は、11
　　　　=day(　シリアル値　)　日を返します。2015/11/14　は、14
　　　　=year(　シリアル値　)　西暦年を返します。2015/11/14　は、2015
　仕様通りに数式を書いてみましょう。
　下の図のように E2 を選択し、=month(A2) と書いてもいいですし、A2 の箇所をマウスで A2 のセ
ルをクリックしても同じです。完成したら Enter/return キーを押します。

SUM	▼		=month(A2)		
	A	B	C	D	E	F
1	日付	平成表示	曜日	整数	月名	
2	2015/11/14	H27.11.14	11月14日土	42322	=month(A2)	
3	2015/11/15	H27.11.15	11月15日日	42323		
4	2015/11/16	H27.11.16	11月16日月	42324		
5	2015/11/17	H27.11.17	11月17日火	42325		
6	2015/11/18	H27.11.18	11月18日水	42326		
7	2015/11/19	H27.11.19	11月19日木	42327		
8	2015/11/20	H27.11.20	11月20日金	42328		
9	2015/11/21	H27.11.21	11月21日土	42329		

　E2 が完成したら、下方向フィルを使って各行に反映させます。

　このように、日付は範囲を持った整数値で管理され、シリアル値といい、日付関数を使って年、月名、日、曜日が算出できます。ただし、同じ整数値でも範囲を超えた整数値は、シリアル値としてはみなされず、月名、日などに変換することはできません（ Excel ,OpenOffice Calc ）。

E2	▼	fx	=MONTH(A2)		
	A	B	C	D	E
1	日付	平成表示	曜日	整数	月名
2	2015/11/14	H27.11.14	11月14日土	42322	11
3	2015/11/15	H27.11.15	11月15日日	42323	11
4	2015/11/16	H27.11.16	11月16日月	42324	11
5	2015/11/17	H27.11.17	11月17日火	42325	11
6	2015/11/18	H27.11.18	11月18日水	42326	11
7	2015/11/19	H27.11.19	11月19日木	42327	11
8	2015/11/20	H27.11.20	11月20日金	42328	11
9	2015/11/21	H27.11.21	11月21日土	42329	11

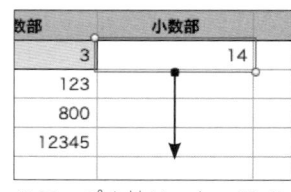

数部	小数部	
3	14	
123		
800		
12345		

※アップル社 Numbers09 のフィルは、選択したセルの中央にハンドルが表示されます。これを使って、フィルします。

　完成したシートの日付を変更し、表示が正しく変化することを確かめましょう。

A4	▼	fx	2015/4/8		
	A	B	C	D	E
1	日付	平成表示	曜日	整数	月名
2	2015/11/14	H27.11.14	11月14日土	42322	11
3	2015/1/15	H27.1.15	1月15日木	42019	1
4	2015/4/8	H27.4.8	4月8日水	42102	4
5	2015/11/17	H27.11.17	11月17日火	42325	11
6	2015/11/18	H27.11.18	11月18日水	42326	11
7	2015/11/19	H27.11.19	11月19日木	42327	11
8	2015/11/20	H27.11.20	11月20日金	42328	11
9	2015/11/21	H27.11.21	11月21日土	42329	11

【Apple 社製 Numbers の場合】

　Numbers は、シリアル値としての整数を公開していません。すなわち、日時を整数値もしくは実数として管理はしていません。したがって、表示されている西暦を和暦に変換することはできません。西暦は西暦で、和暦は和暦で独立して管理するようになっています。執筆中（2016.1.18 現在）では、システムの和暦と Numbers'09 との対応は確認できていません。

　そのため、西暦を和暦に直したいときは、いったん西暦表示して -1988 を行って和暦（平成のみ）を作るなどして対応します。

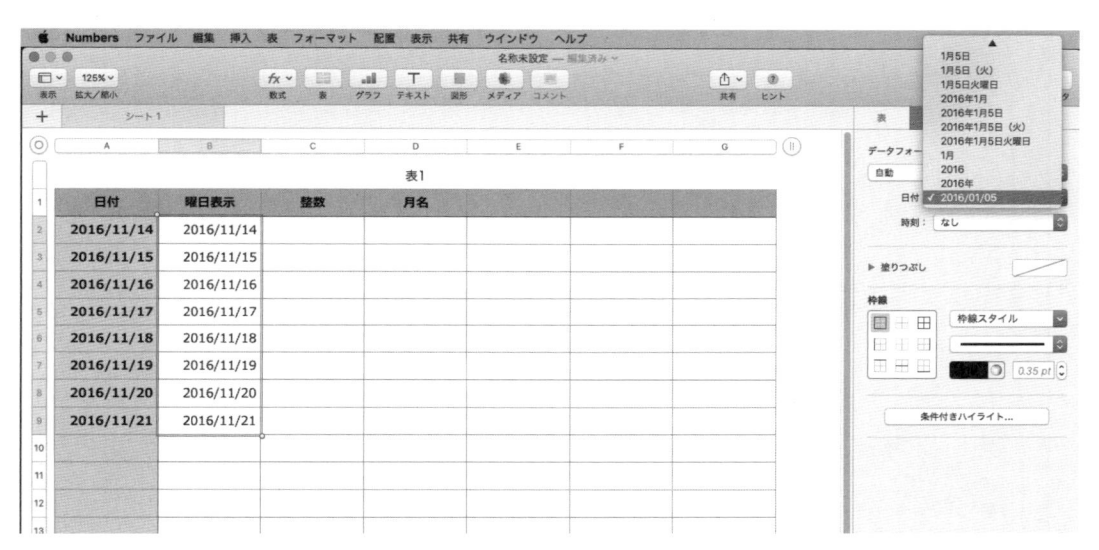

　日時フォーマットに即して入力したデータを、右のタグからフォーマットを選択して表示方法を変更します。

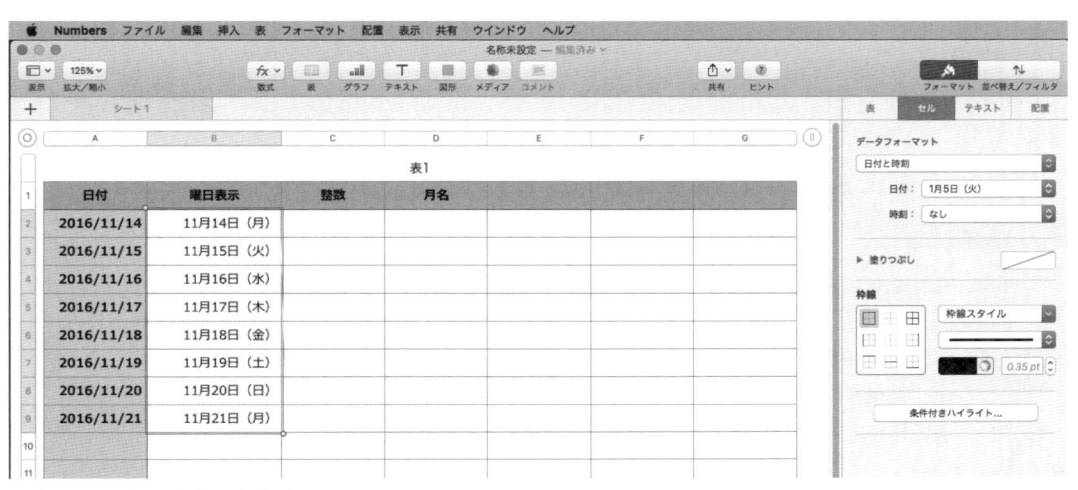

上図は、表示を変更したもの。

── 例題2-03　文字コード ──

　下記の表のように、B列に英数半角文字を入力すれば、C列にはその文字コードに変換するよう作表しなさい。

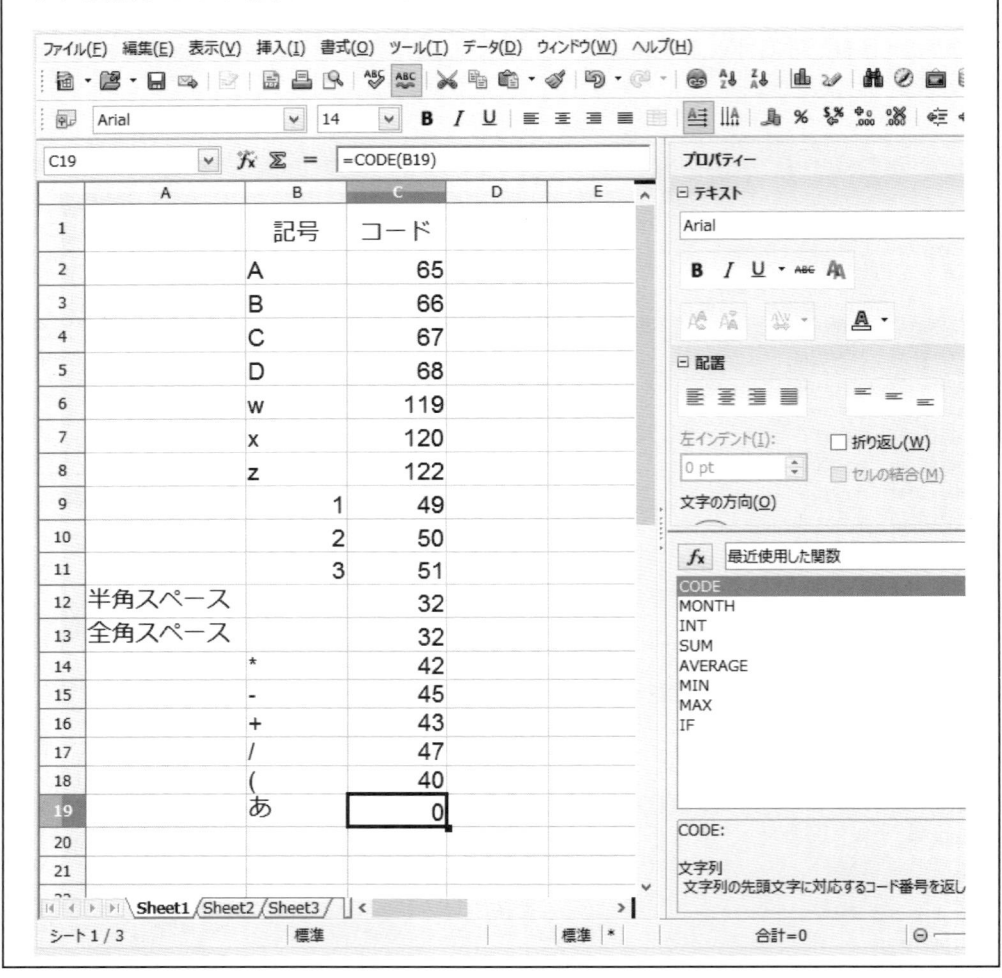

解説と解答例　OpenOffice の例

　B列は、半角英数文字をキーボードから入力するようにします。
　C列のC2には、=code( )を入力し、括弧内はB2のように変換したいセル名を入力します。
　1行完成したら、フィルを使って下方向に式をコピーして完成します。
　図のように、英数半角は整数値に、全角は変換しないことを確認します。
　CODE命令の仕様は、図の中のCODE関数を説明しているものを参考にしてください。
※OpenOffice のカルクでは、図の13行目で示すように、全角スペースはセル内では半角スペースに変換してしまい、全角スペースのコードを呼び込まないようにしているようです。また、19行目のように全角「あ」を入力しても、CODE関数は、0を表示します。

CODE 関数を使って、英数記号が整数値に変換することがわかります。

反対に、コードとして使っている整数値を英数記号に変換するには、CHAR(　) を使います。括弧内には、セル位置か正の整数値を入れて使います。

例　セル C2 に整数 64 が格納され、D2 には =CHAR（C2）と書くと D2 は @を表示します。

例　=CHAR（64）の結果は、@です。

文字コードは、BASIC 言語で決定され共通化しています。文字コードと文字とがどのような関係にあるかを示すことを文字セットといいます。

日付の例題としての「例題1」も、文字セットの「例題2」も両方で理解してほしいことは、パソコン内の信号はコードでできていて、コード変換をすることで人がわかる文字にしているということです。

文字コード 64 は@ですが、パソコンの OS では、GID コード 35 番であり、ユニコードでは 0040 番という番号を持っていることがわかります。

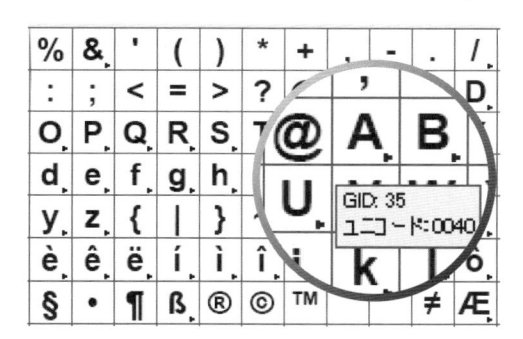

【Apple 社製 Numbers の場合】

Numbers は、日本語のコードも整数化されて管理されていることを確認しておきましょう。

=CHAR(C22)

	A	B	C	D	E
1		アルファベット	コード		
2		a	97		a
3		b	98		b
4		c	99		c
5		A	65		A
6		B	66		B
7		C	67		C
8		1	49		1
9		2	50		2
10		3	51		3
11		一	19968		一
12		二	20108		二
		三	19977		三

全角のスペースは 12288 番で、ひらがな「あ」は 12354 番であることがわかります。

関数について、呼び出すと、下記の図のように関数の説明が表示されます。

図は、Numbers の関数を説明する画面です。テキストに関する関数の中の CHAR 関数を説明し、その仕様と注意、例が表示されるようになっています。

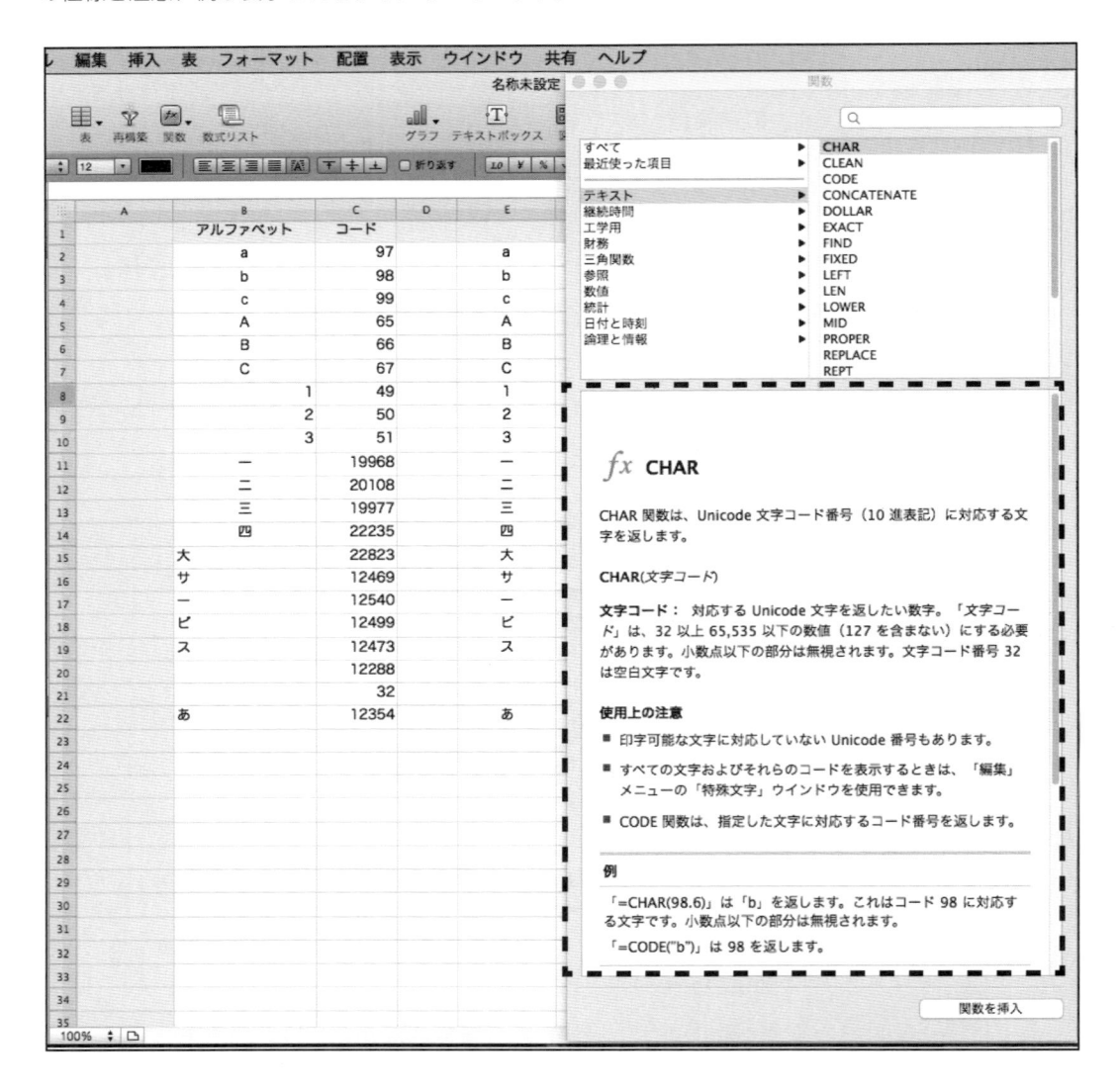

例題 2 -04　出納簿累計

　下の表のように、収入と支出の欄に同時記述はないものとし、収入と支出の差額が累計するように数式を G 列に入力しなさい。

　　B 列：日付（入力部）

　　C 列：科目（入力部）勘定科目、費用名を入力します。

　　D 列：摘要（入力部）領収証の必要事項を入力します。

　　E 列：収入（入力部）小口現金の補給金額を入力します。

　　F 列：支出（入力部）費用として失費した金額を入力します。

　　G 列：累計（自動計算）収入および残金から支出して残った金額を表示します。

	A	B	C	D	E	F	G	H
1	現金出納簿：小口現金							
2		日付	科目	摘要	収入	支出	累計	過不足
3		4月1日	小口現金	通帳より引き落とし	50,000		50,000	
4		4月2日	営業交通費	**********		300	49,700	
5		4月2日	営業交通費	**********		5,750	43,950	
6		4月2日	会議費	**********		1,879	42,071	
7		4月2日	工具器具備品	**********		6,548	35,523	
8		4月3日	営業交通費	**********		2,650	32,873	
9		4月4日	営業交通費	**********		1,370	31,503	
10		4月5日	会議費	**********		2,494	29,009	
11		4月10日	営業交通費	**********		570	28,439	
12		4月10日	研究開発費	**********		2,465	25,974	
13		4月11日	営業交通費	**********		350	25,624	
14		4月11日	営業交通費	**********		2,000	23,624	
15		4月11日	工具器具備品	**********		2,625	20,999	
16		4月12日	図書費	**********		945	20,054	
17		4月12日	図書費	**********		1,260	18,794	
18		4月13日	図書費	**********		1,000	17,794	
19		4月16日	営業交通費	**********		200	17,594	

解説と解答例　　エクセル 2003 の例

　この例題のポイント

■画面からはみ出る表は、画面分割を使って操作します。

■画面分割したときのセルの範囲設定は、キーボードの Shift キーを使うと便利です。

■出納帳の 1 行目（図では G3）は、現金の補給を示し、収入として固定します。G3 の数式は、＝ E3 とします。

■2 行目以降は、収入は加算、支出は減算となるよう分岐を使って式を作ります。修正があって行の追加・削除があると、計算式は狂うので、追加削除した行の前のセル（式が正しく入っている 2 行目以降のセル）から、コピーして使います。

　数式は分岐 IF 文を使うので、フローチャートでしっかり考えてから作ります。

　収入に金額が入っていると前のセルの残に加算し、支出に金額があると、前のセルの残から減算します。両方とも空欄の時は空欄のままにします。

【G4 に入る数式を説明するフローチャート】

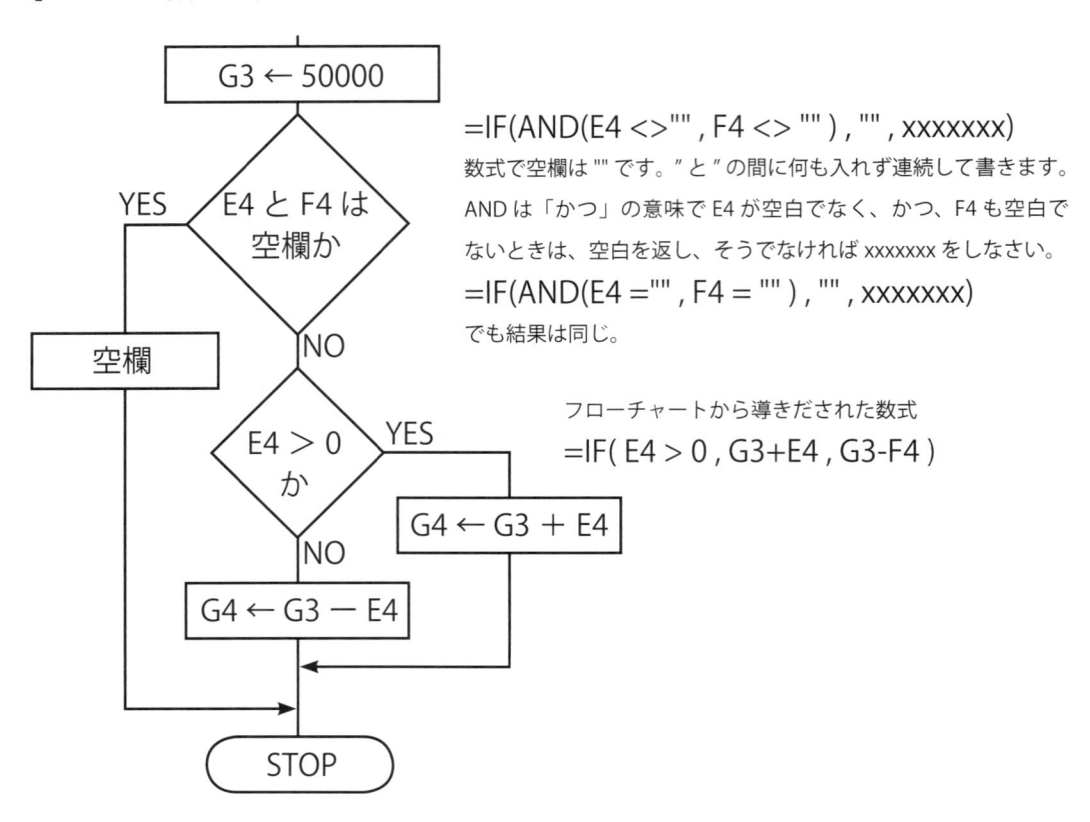

=IF(AND(E4 <>"" , F4 <> "") , "" , xxxxxxx)

数式で空欄は "" です。" と " の間に何も入れず連続して書きます。AND は「かつ」の意味で E4 が空白でなく、かつ、F4 も空白でないときは、空白を返し、そうでなければ xxxxxxx をしなさい。

=IF(AND(E4 ="" , F4 = "") , "" , xxxxxxx)

でも結果は同じ。

フローチャートから導きだされた数式
=IF(E4 > 0 , G3+E4 , G3-F4)

　フローチャートの書き方やルールは、第3章で詳しく行います。初めての方は、IF 分のような分岐を使う数式は、何らかの定石を訓練してから利用することが必要で、簡単には解決しないことを理解しておきましょう。

■ G4 に入る数式例
=IF(AND(E4 <> "" , F4 <> "") , "" , IF(E4>0 , G3+E4 , G3-F4))
または、 =IF(AND(E4 = "" , F4 = "") , "" , IF(E4>0 , G3+E4 , G3-F4))
※ Openoffice Calc、アップル社 Numbers は、上記数式のカンマを ; に変更してください。

■行が画面からはみ出すときのフィルの手順（画面分割）

【手順 1】下図のように、画面右のスクロール部の画面分割をマウスドラッグして 4 行目くらいまで分割します。

【手順 2】フィルしたい数式がある G4 を選択します。

	A	B	C	D	E	F	G	H
G4			fx	=IF(AND(E4="",F4=""),"",IF(E4>0,G3+E4,G3-F4))				
1	現金出納簿：小口現金							
2		日付	科目	摘要	収入	支出	累計	過不足修正
3		4月1日	小口現金	通帳より引き落とし	50,000		50,000	
4		4月2日	営業交通費	**********		300	49,700	
32		4月25日	小口現金	通帳より引き落とし	50,000		51,712	
33		4月25日	通信費	**********		14,756	36,956	
34		4月26日	営業交通費	**********		1,300	35,656	
35		4月26日	営業交通費	**********		2,900	32,756	
36		4月26日	保険料	**********		6,940	25,816	
37		4月27日	営業交通費	**********		3,045	22,771	
38		4月27日	工具器具備品	**********		1,344	21,427	
39		4月27日	通信費	**********		8,400	13,027	
40		4月28日	営業交通費	**********		980	12,047	
41		4月28日	工具器具備品	**********		1,218	10,829	
42		4月30日	消耗品費	**********		924	9,905	
43		4月30日	通信費	**********		2,100	7,805	
44								

Sheet1 / Sheet2 / Sheet3
コマンド　　NUM

【手順 3】G4 を選択したら、マウスボタンから指を離します。

【手順 4】右のスクロールバーを使って、セルの最終行が見えるまで移動します。

【手順 5】最後のセルが見えたら、、キーボードの Shift キーを押します。次に Shift キーを押し、押したままで最後のセルをマウスでクリックします（結果、下の図のように選択できたら、一先ず成功です）。Shift キーは and の意味です。下記のようにセル範囲の指定ができるまで、繰り返し何度でも練習してください。

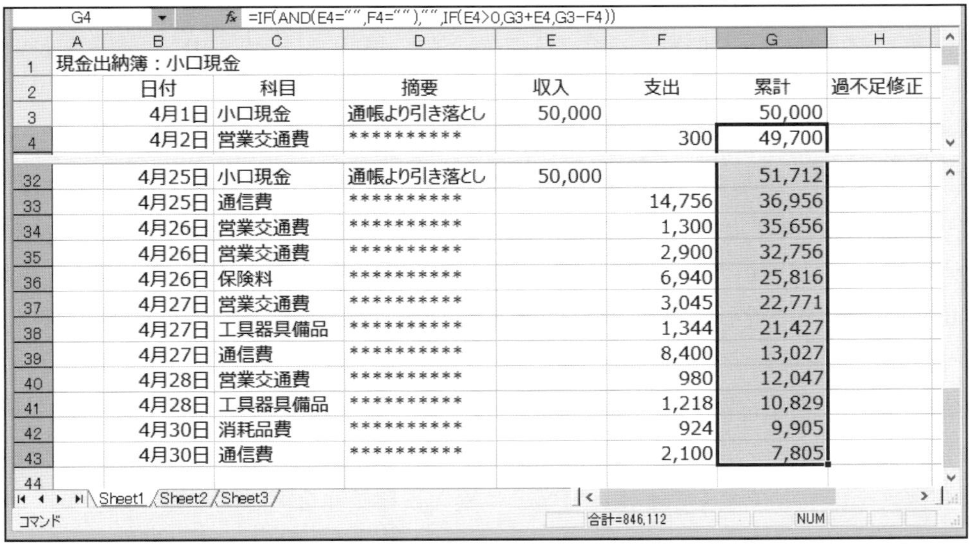

	A	B	C	D	E	F	G	H
G4			fx	=IF(AND(E4="",F4=""),"",IF(E4>0,G3+E4,G3-F4))				
1	現金出納簿：小口現金							
2		日付	科目	摘要	収入	支出	累計	過不足修正
3		4月1日	小口現金	通帳より引き落とし	50,000		50,000	
4		4月2日	営業交通費	**********		300	49,700	
32		4月25日	小口現金	通帳より引き落とし	50,000		51,712	
33		4月25日	通信費	**********		14,756	36,956	
34		4月26日	営業交通費	**********		1,300	35,656	
35		4月26日	営業交通費	**********		2,900	32,756	
36		4月26日	保険料	**********		6,940	25,816	
37		4月27日	営業交通費	**********		3,045	22,771	
38		4月27日	工具器具備品	**********		1,344	21,427	
39		4月27日	通信費	**********		8,400	13,027	
40		4月28日	営業交通費	**********		980	12,047	
41		4月28日	工具器具備品	**********		1,218	10,829	
42		4月30日	消耗品費	**********		924	9,905	
43		4月30日	通信費	**********		2,100	7,805	
44								

Sheet1 / Sheet2 / Sheet3
コマンド　　合計=846,112　　NUM

【手順6】選択したセル範囲をそのままに、

　　　　メニュー　の　編集　の　フィル　の　「下方向へコピー」

を選びます（下図参照）。

　結果、選択したセル範囲に G4 の数式が反映して完成します。

※画面部活を使ったフィルの練習は、何度も行って取得しましょう。

　表計算ソフトは、一般に考えられているほどには簡単ではありません。IF 文という命令が1つ入るだけでも、プログラミングの訓練を受けていない方々には、難しく感じるでしょう。

　表計算ソフトの数式は、BASIC 言語に起因します。表計算ソフトばかりでなく、データベース言語であれ、システム言語であれ、米国の学力水準では、BASIC 言語は標準科目です。BASIC については、本書の第3章で詳しく勉強するように構成してあります。BASIC の心得が全くない読者諸氏は、第3章で訓練することを念頭に、表計算ソフトでは何ができるのかを体験するのがいいでしょう。

　我が国も欧米諸国に習って、マイナンバー制度が導入され、個々の収支や納税額のチェックなど、表計算ソフトが活躍する場面が多くなるでしょう。その意味で、収支計算と累計計算の数式を理解しておくことは、電卓とは異なる利便性を実感できることにつながるに違いありません。

── 例題 2-05　縦計横計串刺し ──

　あるA工場では、5体のロボットを製造している。5体のロボットに必要な部品1から10までをB工場から仕入れるものとして、下記の表のように、

　1. 月ごと（11月と12月）のシートを作成し、部品合計を算出しなさい。

　2. 月ごとのシートから、串刺しして総合計シートを作成しなさい。

　ただし、表で使うテストデータは、乱数を用いて算出しなさい。

C8		✓	𝑓𝑥 Σ =	=11月.C8+12月.C8			
	A	B	C	D	E	F	G	H
1		鉄人25	鉄人26	鉄人27	鉄人28	鉄人29	部品合計	
2	部品1	145	183	80	68	110	586	
3	部品2	67	63	138	150	144	562	
4	部品3	20	153	202	133	191	699	
5	部品4	150	162	46	126	118	602	
6	部品5	207	111	170	161	107	756	
7	部品6	134	127	108	37	90	496	
8	部品7	85	107	82	143	157	574	
9	部品8	137	118	82	133	105	575	
10	部品9	11	157	86	106	102	462	
11	部品10	141	200	160	117	88	706	
12	部品合計	1097	1381	1154	1174	1212	6018	
13								
14								

|◀ ◀ ▶ ▶|　**総合計**／11月／12月／　　‖ ◀　　　　　　　　　　　　　　

シート 1 / 3　　　　　　　　　　　　　　　標準

解説と解答例　　OpenOffice の例

この例題のポイント

■乱数を発生し、データにしたら、コピー＆ペーストを使って固定（フィックス）します。

■ SUM 関数を使って、縦計横計を行います。

■シートのタグに名称を入れ、フォーマットが同じシートを作成し、データで満たします。

■総合計シートを作成し、各セルの串刺しを行い、フィルを使って完成します。

　一般的には、例題のように、実際のデータの代わりに、ダミーデータを作成して目的とするシートを作成します。からのデータでは、作成する側のエンジニアに、実感が湧かず、気力が萎えてしまいます。ダミーのデータは、たいていは過去のデータを使ったり、無い場合は、乱数を使って作業を行い、完成したシートをテンプレートといい、特に今回のような場合は、月別の個数合計のテンプレートなどといいます。

　テンプレートは、所定のセルに数値を入れれば、自動的に縦横と串刺し合計ができているシートとして活用します。

　上記の例題の応用範囲は広く、予算作成、経費集計、データベースソフトの答え合わせ、など数多くあります。

オープンオフィスの表計算ソフトソフトを
オープンし、新規でファイルを作成します。
ファイル名は任意でいいです。

B1 に「鉄人 25」と入力します。25 は半角
英数です。

A2 に「部品 1」と入力します。1 は同様に
半角英数にします。

再び B1 を選択し、「鉄人 25」を選んだら、セル枠の右下にあるハンドルを右にドラッグして F 列ま
で来たら、マウスボタンを離し上の行のようになることを確認します。

同様に、A2 の「部品 1」選択し、今度は下方向にフィルします。

文字の後に半角の数字があれば、フィルしたときに連続データとして変化します。これをシリーズ
（Series）といいます。シリーズには、半角英数の数値ばかりでなく、他にも曜日（月火水・・・）や
英語の月名、英語の曜日名もあります。他のカルクソフトでは、日本語の月名（1 月、2 月・・・）で
もシリーズになっているものや、自分でシリーズを登録して使うことができるようになっています（メ
ニューの編集＞連続データを参照）。

ここではフィルには、連続データつまりシリーズができることを体験してください。

シリーズを使って表の枠ができたなら、次は、表の中の数値です。

INT	▼	*fx* ✖ ✔	=int(rand()*100)		
	A	B	C	D	E	F
1		鉄人25	鉄人26	鉄人27	鉄人28	鉄人29
2	部品1	=int(rand()*100)				
3	部品2					
4	部品3					

　B2 に入る数式を完成します。B2 を選択します。

　1つ1つセルにデータを入力していると、肝心の縦計横計は完成しないので、乱数を使って定着（フィックス）させ、これをデータとして使うことにします。

　B2 を選択したら、半角英数を確認して、= int (rand ( ) * 100) と打ち込み、Enter/return キーを押します。すると、B2 には整数2桁の値が生成されます。ことあるごとに、この数は変化します。乱数は、RAND関数という関数を使って表示することができますが、小数で生成させるので、100 をかけて整数部だけを表示させます。

　B2 が完成したら、これを横の1行をフィルします。

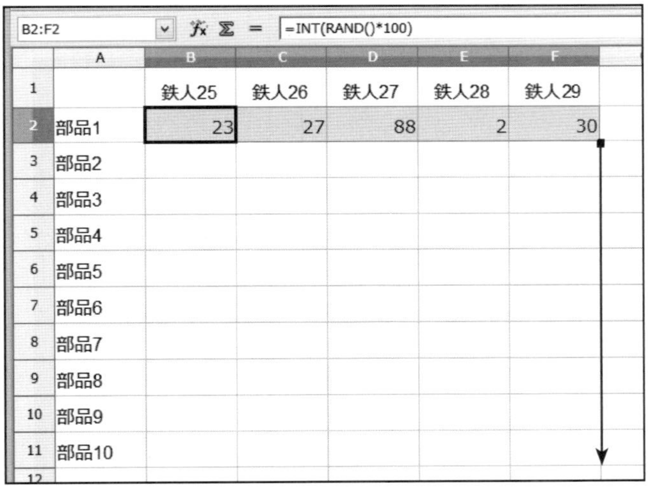

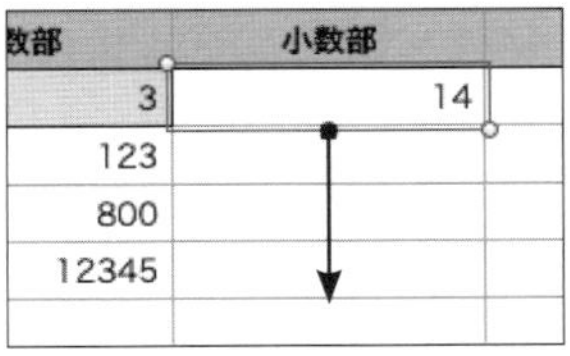

B2:F2	▼	*fx* Σ =	=INT(RAND()*100)		
	A	B	C	D	E	F
1		鉄人25	鉄人26	鉄人27	鉄人28	鉄人29
2	部品1	23	27	88	2	30
3	部品2					
4	部品3					
5	部品4					
6	部品5					
7	部品6					
8	部品7					
9	部品8					
10	部品9					
11	部品10					
12						

数部	小数部	
3		14
123		
800		
12345		

※アップル社 Numbers09 のフィルは、選択したセルの中央にハンドルが表示されます。これを使って、フィルします。

　上の図のように横1行が完成したら、すかさず右下のハンドルを下方向に 11 行目までフィルして乱数式を埋めます。

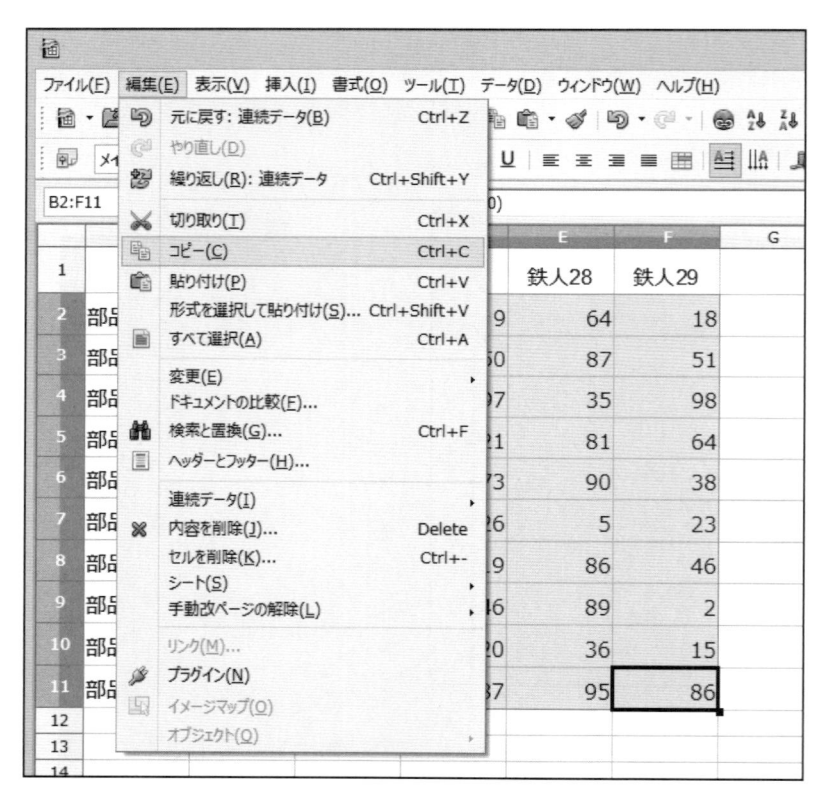

図のようにデータが埋まったら、今度はデータを生成している式を消して値だけを残します。

乱数の数式を消して、値だけを残すためには、B2 から F11 までをもう一度ドラッグして選択します。

上の図のように全データ（B2 から F11 まで）を選択したら、

メニューの編集＞コピー

を選択し、データをいったんコピーします。

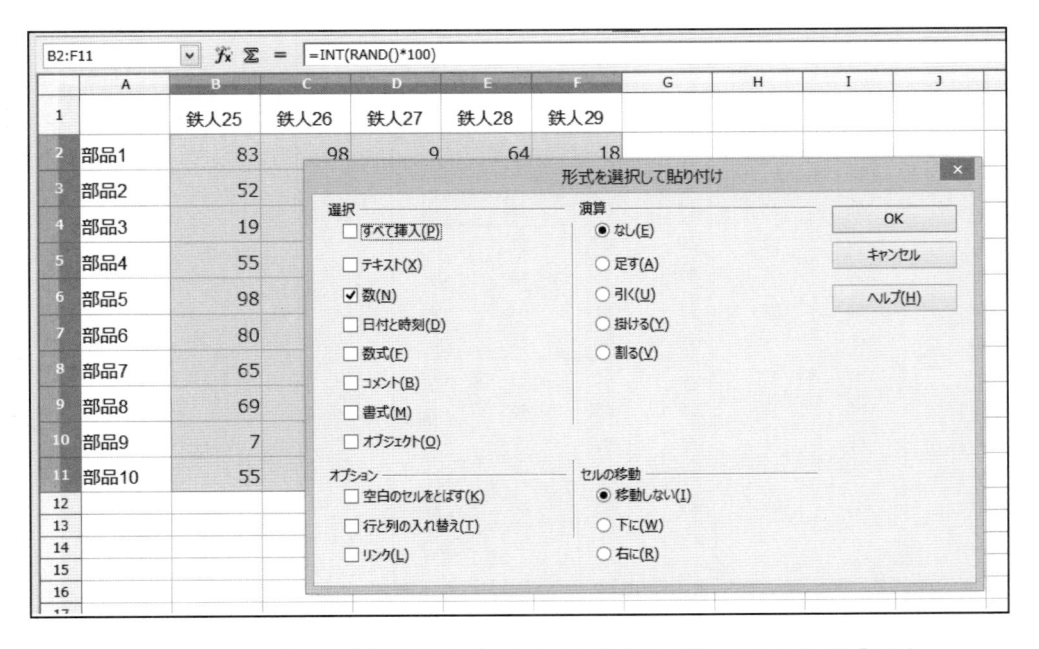

　続けて、メニューの編集　の　「形式を選択して貼り付け ……」を選択します。すると下の図のように、「形式を選択して貼り付け」画面が出ます。

「数」にチェックを入れ、「OK」を押します（エクセルの場合は「値」のみにして「OK」）。

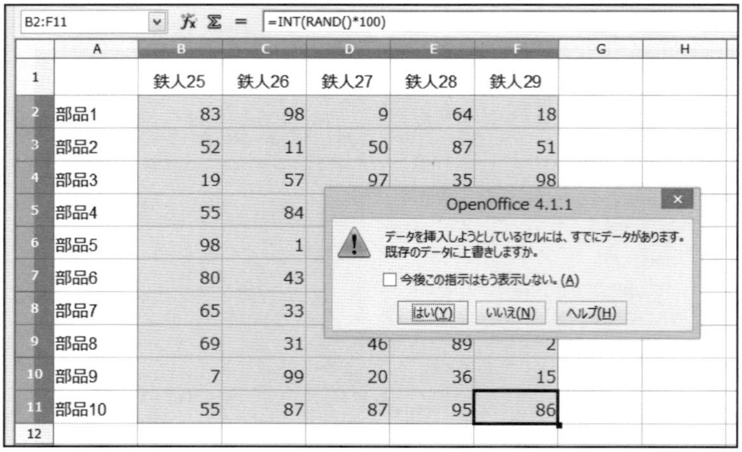

データの上にデータを重ねるので、図のようなアラートが出るかもしれませんが、「はい」で上書きします。

コピーすると、数値と数式がメモリに書き込まれますが、貼り付け（ペースト）るときに、何を貼り付けるか選択すれば、数式がなくなって、値だけを残すことができるためには、このようにペースト・スペシャル（Paste Special）を使います。日本語では、「形式を選択して貼り付け」と訳されています。

ペースト・スペシャルを使ってデータが定着したら、G1 と A12 に部品合計と入力し、sum を使って合計します。

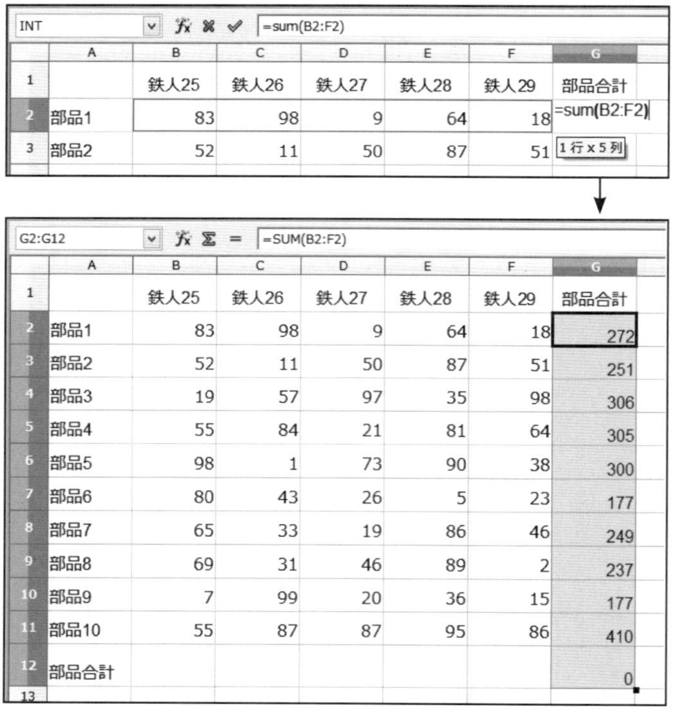

G1 と A12 に部品合計と入力したら、G2 を選択し、半角英数を確認して、
= SUM (B2:F2)
と入力するかマウスを使って範囲指定し、数式を完成してください。

完成して 1 行目の合計ができたら、下方向のフィルを使って G12 までドラッグし、横計を成功させます。

横計の完成

左の表（SUM / B列入力中）

	A	B	C
1		鉄人25	鉄人26
2	部品1	83	98
3	部品2	52	11
4	部品3	19	57
5	部品4	55	84
6	部品5	98	1
7	部品6	80	43
8	部品7	65	33
9	部品8	69	31
10	部品9	7	99
11	部品10	55	=sum(B2:B11)
12	部品合計		

（数式バー：=sum(B、10 行 x 1 列）

右の表（B12:F12、=SUM(B2:B11)）

	A	B	C	D	E	F	G
1		鉄人25	鉄人26	鉄人27	鉄人28	鉄人29	部品合計
2	部品1	83	98	9	64	18	272
3	部品2	52	11	50	87	51	251
4	部品3	19	57	97	35	98	306
5	部品4	55	84	21	81	64	305
6	部品5	98	1	73	90	38	300
7	部品6	80	43	26	5	23	177
8	部品7	65	33	19	86	46	249
9	部品8	69	31	46	89	2	237
10	部品9	7	99	20	36	15	177
11	部品10	55	87	87	95	86	410
12	部品合計	583	544	448	668	441	2684

横計が完成したら、次は縦計です。

B12 を選択し、英数半角と確認して数式 =SUM (B2:B11) と入力し Enter/return キーを押します。

B 列の合計ができたら、再び B12 を選択し、横方向に F12 までフィルすれば、完成します。

なお、全体の合計を下記の図のように SUM の範囲を B2:F11 にすることでも完成します。

下の表（SUM / =SUM(B2:F11)）

	A	B	C	D	E	F	G	H
1		鉄人25	鉄人26	鉄人27	鉄人28	鉄人29	部品合計	
2	部品1	83	98	9	64	18	272	
3	部品2	52	11	50	87	51	251	
4	部品3	19	57	97	35	98	306	
5	部品4	55	84	21	81	64	305	
6	部品5	98	1	73	90	38	300	
7	部品6	80	43	26	5	23	177	
8	部品7	65	33	19	86	46	249	
9	部品8	69	31	46	89	2	237	
10	部品9	7	99	20	36	15	177	
11	部品10	55	87	87	95	86	(10 行 x 5 列)	
12	部品合計	583	544	448	668	441	=SUM(B2:F11)	

（数式バー：=SUM(B2:F11)　SUM(← 数値 1; 数値 2; …)）

　縦計横計ができるようになったら、次は串刺しの練習です。

　シートとシートをまたがる集計を、串刺しといいます。

　串刺しの練習をするためには、串刺し用のデータがなくてはうまく説明できません。そこで、串刺しをする前に各シートにデータを作ります。

　縦計横計のシートを何枚か用意して、それらを串刺しし、合計するシートを作成します。

　串刺ししてできたデータの合計のシートを鏡といいます。シートの集まりをブック（BOOK）といいます。ブックのシート3枚を使って串刺しした鏡を作ります。データ・シートを「11 月」と「12 月」として鏡を「総合計」という名称にして作成します。

シートが 1 枚しかないときは、エクセル：メニューの挿入の「ワークシート」。
OpenOffice カルクソフト：メニューの挿入の「シート」で、3 枚作成してください。
シートのタグを W クリックしてシートに名前を入れます。

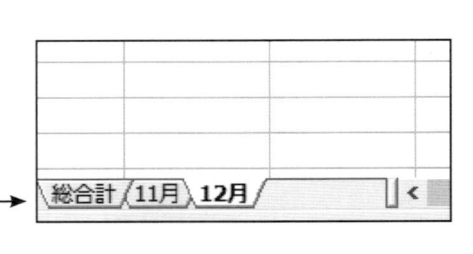

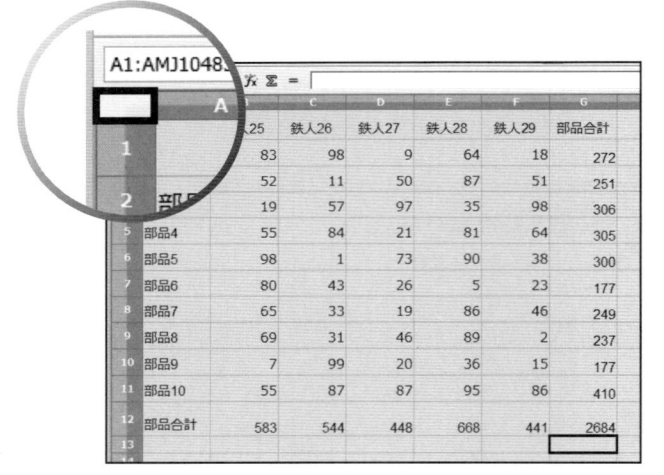

図のように行列番地を示す原点のセルをクリックし、コピーします。

コピーしたら、新しいシートを開き、同じく行列番地を示す原点のセルをクリックして貼り付け（ペースト）してください。

このように、行列番地を示す原点のセルをクリックするとシート全体が選択され、ペーストした時に同じものが作成されます。

	A	B	C	D	E	F	G
1		鉄人25	鉄人26	鉄人27	鉄人28	鉄人29	部品合計
2	部品1	83	98	9	64	18	272
3	部品2	52	11	50	87	51	251
4	部品3	19	57	97	35	98	306
5	部品4	55	84	21	81	64	305
6	部品5	98	1	73	90	38	300
7	部品6	80	43	26	5	23	177
8	部品7	65	33	19	86	46	249
9	部品8	69	31	46	89	2	237
10	部品9	7	99	20	36	15	177
11	部品10	55	87	87	95	86	410
12	部品合計	583	544	448	668	441	2684

3 枚の同じシートが完成したら、12 月のシートを選択して、乱数を使って全データを作成し直します。

乱数式が面倒な場合は、そのまま手を加えず、総合計の「6」まで飛ばしてもいいです。

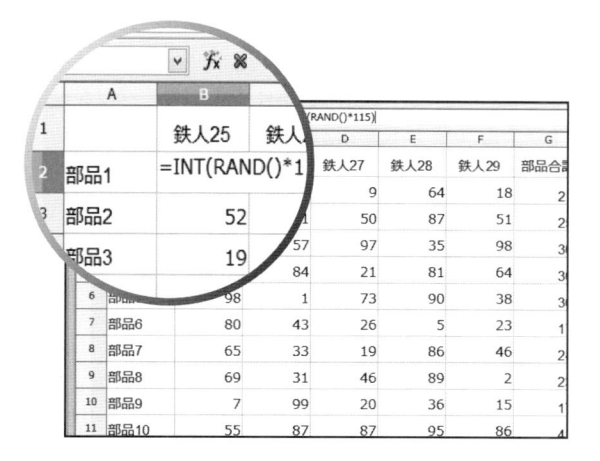

12月のシートを選択して、B2を選択し、数式を = int (rand( ) * 115) と入れます。新しい乱数を発生させることに成功したら、右方向フィル（F2まで）と下方向フィル（F11まで）を使って、新しい乱数で表を埋め、データ部のフィックスを行います。

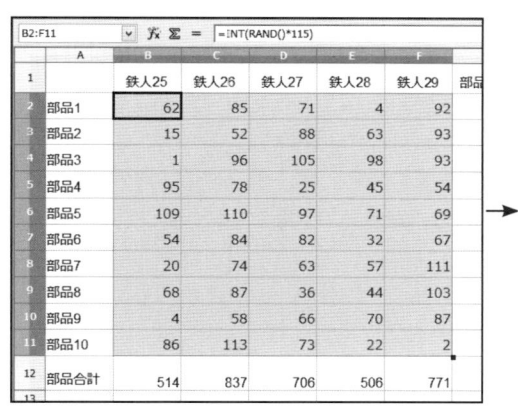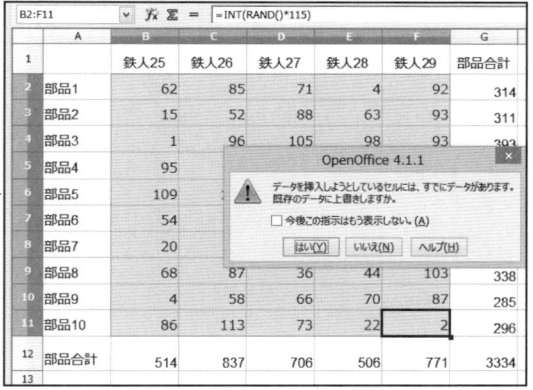

データ部を選択して、コピーし、そのままペースト・スペシャルを行って「数」または「値」のみをチェックし、データを作成します。

　数式が入っているセルまでをコピー＆ペーストすると、うまくいきません。部品合計とある行と列はいじらずに、乱数で作成したデータのみをコピー＆ペーストスペシャルするところがミソです。12月のデータが新たに完成したら、次ページに続いて総合計シートを作ります。

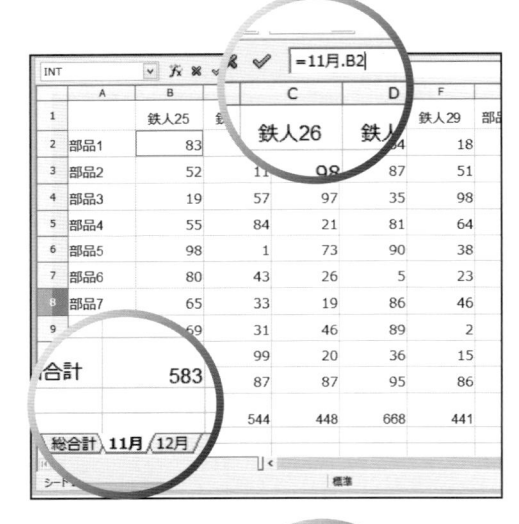

11月と12月のデータを加算するシートを「総合計」としました。

　今度は、その総合計シートを作成します。タグを使って「総合計」シートを選び、「総合計」シートのB2を選択します。

　「総合計」シートのB2を選んだら半角英数を確認して、=キーを押します。

　マウスを移動して、表下の「11月」のタグをクリックします。

「11月」のB2をクリックしてください。

　すると、数式は、=11月.B2

　エクセルは、=11月!B2です。

　数式を確認したら、キーボードの+を押して、マウスを再び下に移動し「12月」のタグをクリックします。

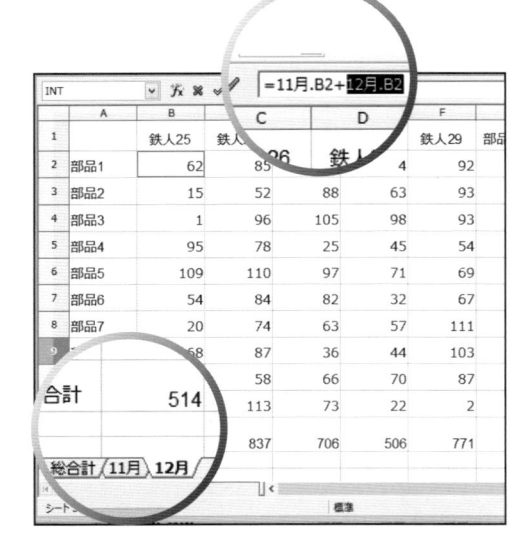

　数式は、=11月.B2+|となっているところに「12月」のB2をクリックしてください。

　すると、数式は、=11月.B2+12月.B2

　エクセルは、=11月!B2 +12月!B2

になります。なったら、キーボードのEnter/returnキーを押して決定し、総合計のシートのB2を確認してください。

　うまくいかない場合は、そのまま式を入力するか、再度=のところから挑戦してください。

　総合計のB2がうまく合計しているなら、串刺しは完成したようなものです。

「総合計」のシートの B2 の数式がうまくいけば、右方向にフィル、続いて下方向にフィルをすると、式が埋まり串刺し計算が成功します。

B2　＝ =11月.B2+12月.B2

	A	B	C	D	E	F	G
1		鉄人25	鉄人26	鉄人27	鉄人28	鉄人29	部品合計
2	部品1	145	98	9	64	18	334
3	部品2	52	11	50	87	51	251
4	部品3	19	57	97	35	98	306
5	部品4	55	84	21	81	64	305
6	部品5	98	1	73	90	38	300
7	部品6	80	43	26	5	23	177
8	部品7	65	33	19	86	46	249
9	部品8	69	31	46	89	2	237
10	部品9	7	99	20	36	15	177
11	部品10	55	87	87	95	86	410
12	部品合計	645	544	448	668	441	2746
13							

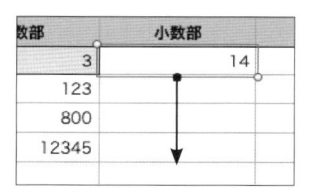

数部	小数部		
3	14		
123			
800			
12345			

※アップル社 Numbers09 のフィルは、選択したセルの中央にハンドルが表示されます。これを使って、フィルします。

B2:F2　＝ =11月.B2+12月.B2

	A	B	C	D	E	F	G
1		鉄人25	鉄人26	鉄人27	鉄人28	鉄人29	部品合計
2	部品1	145	183	80	68	110	586
3	部品2	52	11	50	87	51	251
4	部品3	19	57	97	35	98	306
5	部品4	55	84	21	81	64	305
6	部品5	98	1	73	90	38	300
7	部品6	80	43	26	5	23	177
8	部品7	65	33	19	86	46	249
9	部品8	69	31	46	89	2	237
10	部品9	7	99	20	36	15	177
11	部品10	55	87	87	95	86	410
12	部品合計	645	629	519	672	533	2998
13							

数部	小数部		
3	14		
123			
800			
12345			

※アップル社 Numbers09 のフィルは、選択したセルの中央にハンドルが表示されます。これを使って、フィルします。

B2:F11　＝ =11月.B2+12月.B2

	A	B	C	D	E	F	G	H
1		鉄人25	鉄人26	鉄人27	鉄人28	鉄人29	部品合計	
2	部品1	145	183	80	68	110	586	
3	部品2	67	63	138	150	144	562	
4	部品3	20	153	202	133	191	699	
5	部品4	150	162	46	126	118	602	
6	部品5	207	111	170	161	107	756	
7	部品6	134	127	108	37	90	496	
8	部品7	85	107	82	143	157	574	
9	部品8	137	118	82	133	105	575	
10	部品9	11	157	86	106	102	462	
11	部品10	141	200	160	117	88	706	
12	部品合計	1097	1381	1154	1174	1212	6018	
13								
14								

総合計 / 11月 / 12月 /
シート 1 / 3　　　　　　　　標準

Apple社のNumbersもほぼ同じです。Numbersの場合は、タグによってページをめくるという方法ではなくて、各ページをアイコン表示するのでタグよりも簡単に式が作れます。

B2の数式は、＝11月の表∷鉄人25　部品1　＋　12月の表∷鉄人25　部品1になります。コロン連続2つを使って呼び名を作ります。

Numbers	ファイル	編集	挿入	表	フォーマット	配置	表示	ウインドウ	共有	ヘルプ

鉄人28.numbers

＝ 11月の表∷鉄人25 部品1 ＋ 12月の表∷鉄人25 部品1

	A	鉄人25	鉄人26	鉄人27	鉄人28	鉄人29	部品合計
1		鉄人25	鉄人26	鉄人27	鉄人28	鉄人29	部品合計
2	部品1	18	10	54	98	196	376
3	部品2	16	210	160	72	84	542
4	部品3	156	92	214	14	176	654
5	部品4	146	226	56	18	176	622
6	部品5	142	126	68	0	96	432
7	部品6	90	194	122	34	202	642
8	部品7	212	210	74	8	154	658
9	部品8	12	188	70	104	176	550
10	部品9	32	220	28	82	92	454
11	部品10	202	210	0	18	72	502
12	部品合計	1026	1686	846	448	1426	5432
13							

シート

総合計
　総計の表
11月
　11月の表
12月
　12月の表

シートの名称と増減はここで行います。

Numbers'08のセルのフィル方法は同じです。

整数部	小数部
3	14
123	
800	
12345	

※アップル社Numbers09のフィルは、選択したセルの中央にハンドルが表示されます。これを使って、フィルします。

串刺しまでは、ソラでデモができるように訓練しておくことが寛容です。しかも5分以内で間違いなくできるようになったなら、カルクソフトの第一段階はマスターした、と言っていいでしょう。

自信がついたら、実践的な課題に取り組んでください。

第3節　ドローソフト

❶他のアプリケーションのドロー機能

　パソコンが進化する過程で、テキスト操作、テキスト操作を利用した表計算ソフトの次に実現したのがドローとペイントです。

　ドローソフトの特徴は、マウスを使って描画するために、描画する物がオブジェクトとして独立していることにあります。

　パソコンに装備されたドローソフトのほとんどは、OS を提供しているメーカーのライブラリーを活用して作られているので、描画を行うための操作方法は統一されています。

　代表的なアプリケーションのどこがドロー機能なのかを見ることにします。

　マイクロソフト社のパワーポイントは、2003 年版であっても 2011 年版であっても、描画操作はドロー機能に準じています。

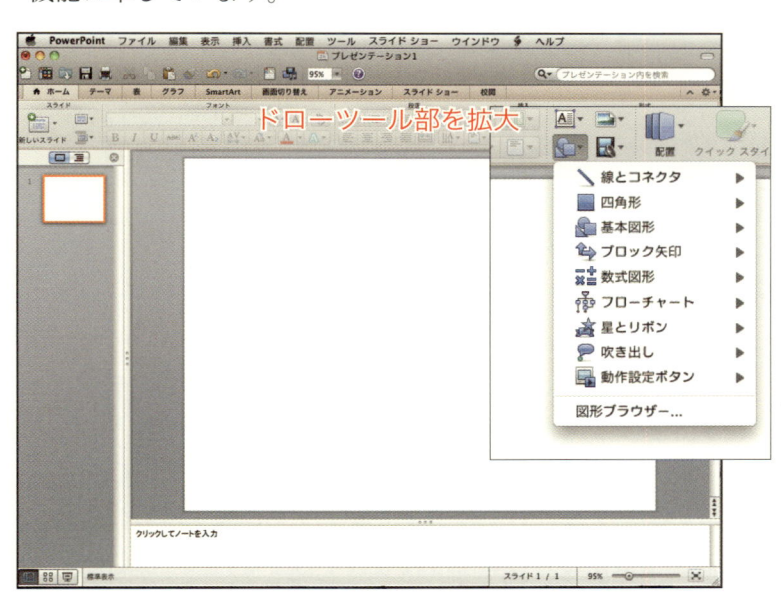

　上図は、2011 のパワーポイントの画面。下図は 2003 の画面。

　どちらも画用紙の上に□や○、—（ライン）を描いて、オブジェクト化し、修正などの編集をするときは、オブジェクトを選択して移動したり拡大したりします。

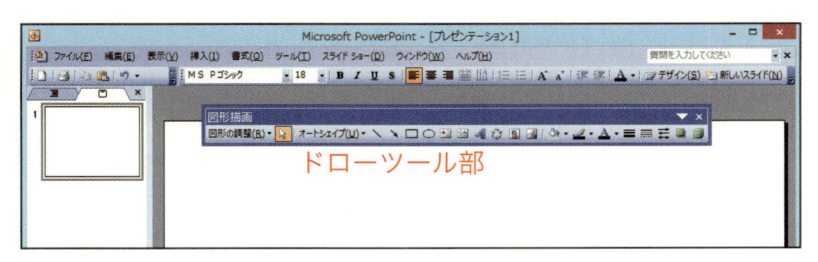

次に示すソフトは、カード型データベースと呼ばれているファイルメーカープロです。

FileMaker Pro 14

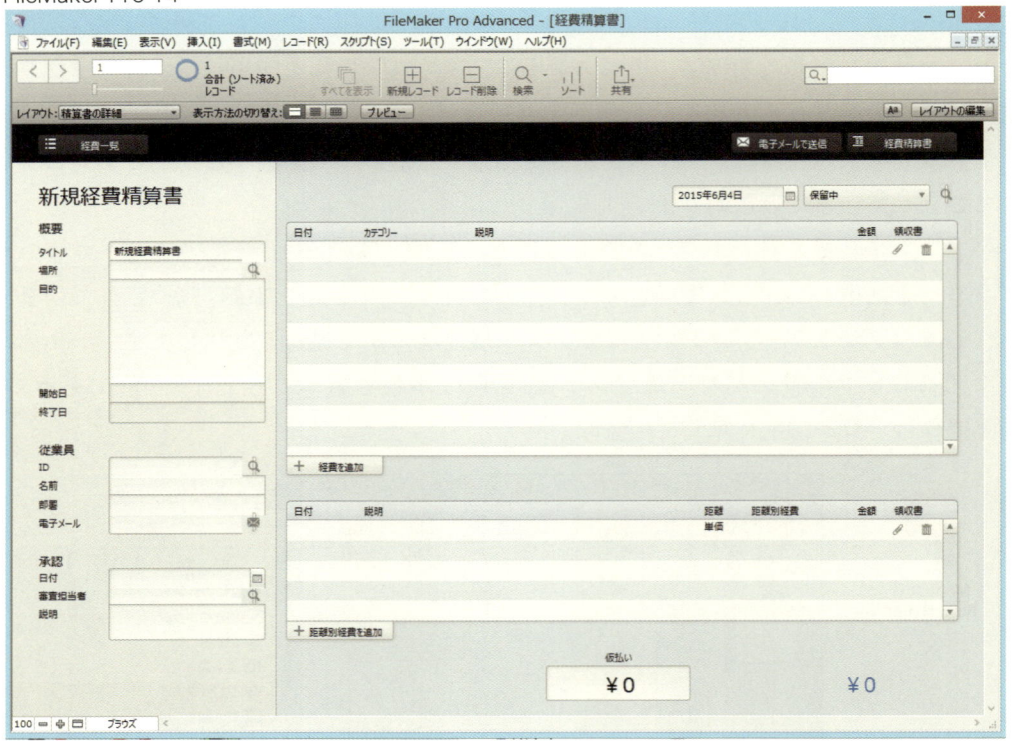

上図は、ファイルメーカープロで作った「経費精算書」というデータベースを起動して、データを入力する画面です。データを入力するので、ブラウズモードといいます。

しかし、「経費精算書」を設計するレイアウトモードに切り替えてみると（下図）、ドロー機能を使ってフィールドやボタン、背景色などを決めることがわかります。

逆に、ファイルメーカープロを使って、ソフトを作成する場合は、ドロー機能の使い方を知らなくては、設計ができないようになっています。

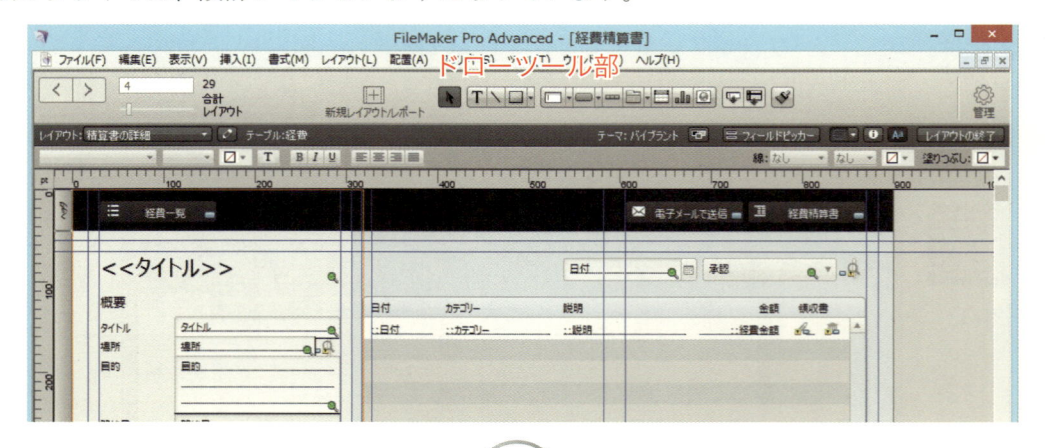

❷ドロー機能の紹介と練習

　ドローソフトおよびドロー機能を代表するソフトとして、アドビ社のイラストレータCS2を使って説明します。

　イラストレータを起動します。

　下の図はイラストレータCS2を起動し、新規にA4のファイルを作成したところです。

　画用紙は出てきても、ドローツールがないときは、メニューのウィンドウからツールを選択すれば、表示します。

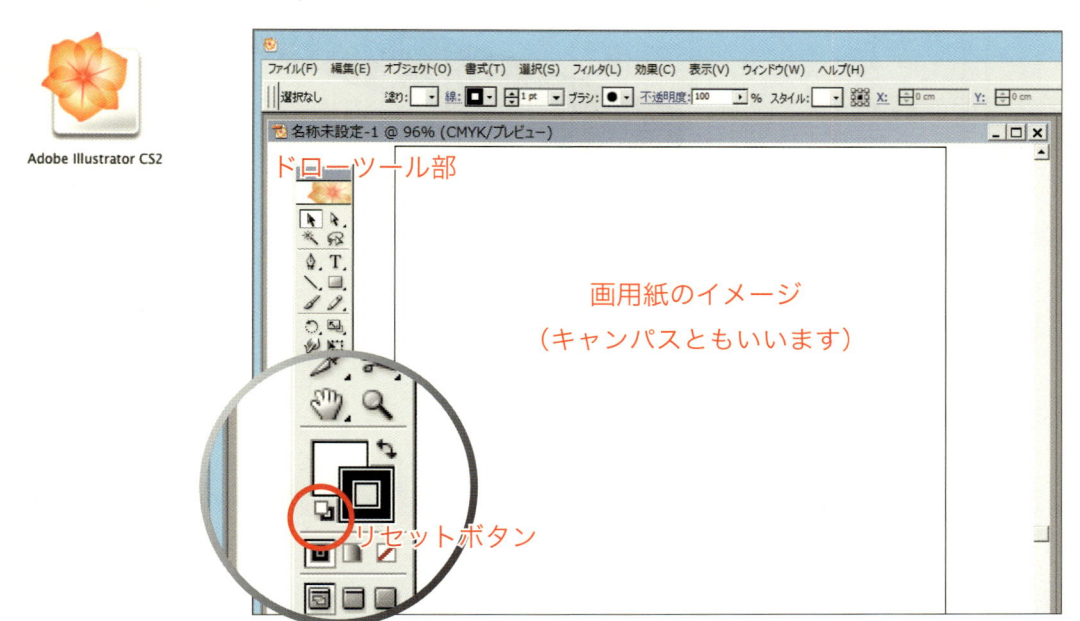

　ツールの①ラインツール／をクリックして選択します。②画用紙にマウスカーソルを移動し、ドラッグして移動し、ラインがある程度描けたら、③の位置でマウスボタンを離します。

　ラインを描く方法がわかったら、何度でもラインを引いてみましょう。

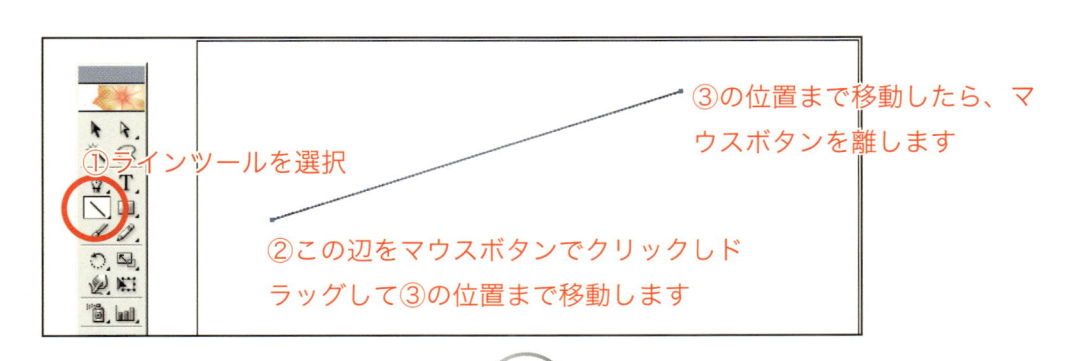

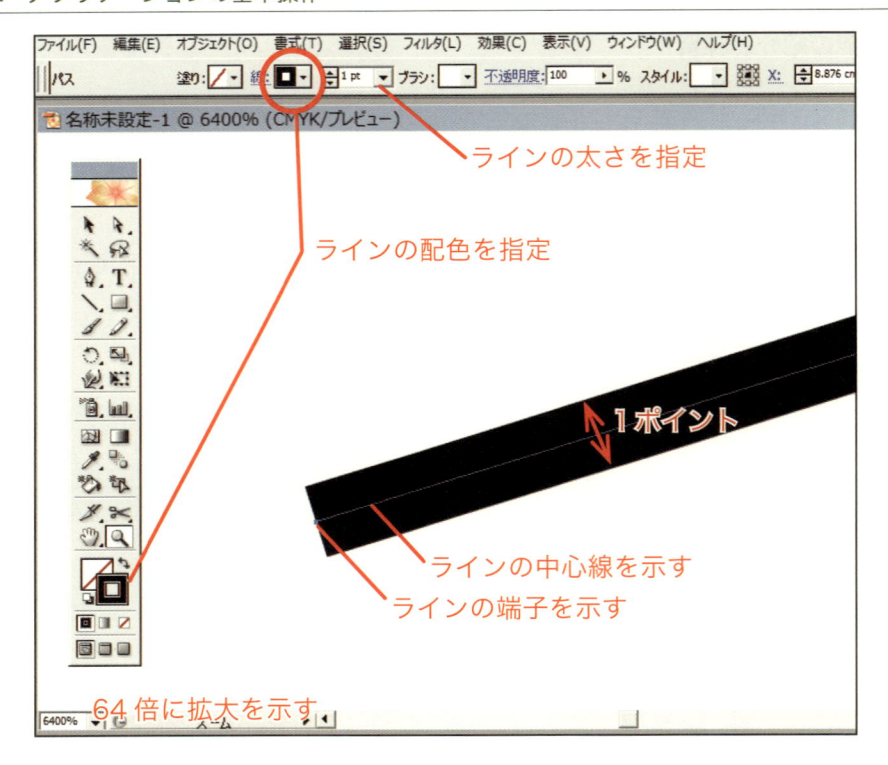

描いたラインを拡大してみます。

　ラインは面積が無く、ラインの始点と終点を示す端子を持っています。ただし、いったん描き上げてしまうと、ラインは下の図のような長方形に囲まれたオブジェクトになります。ラインを囲む長方形の□をハンドルといいます。１つのラインに８つのハンドルがあります。

　ラインの伸縮は、このハンドルをマウスで選択して、ドラッグすることで実現します。

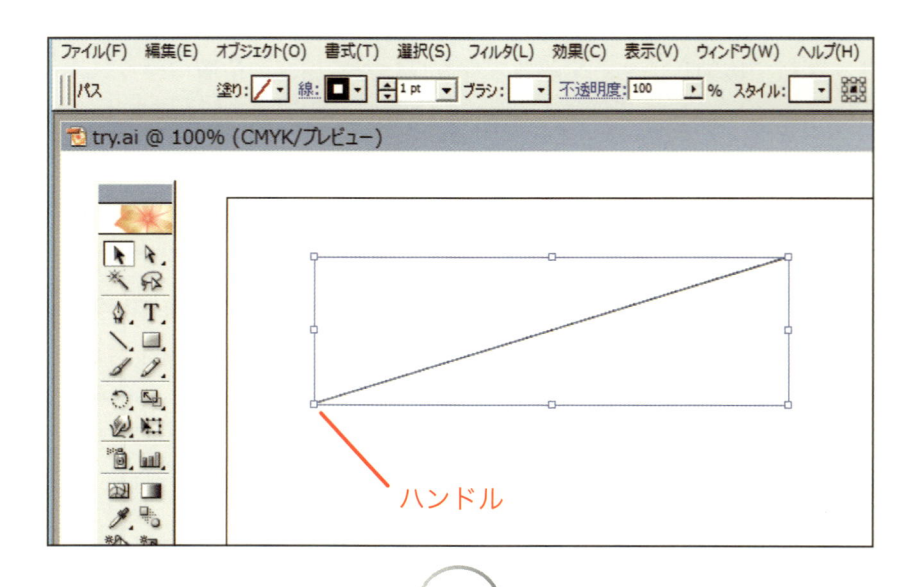

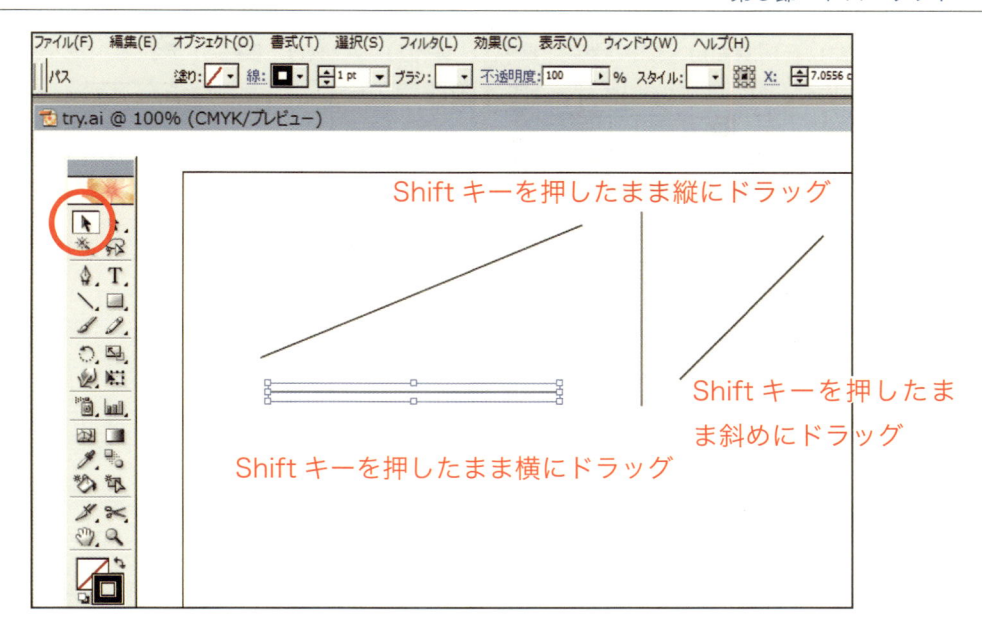

　水平および垂直ラインを描くためには、キーボードの Shift キーを押したままで、画用紙にラインを引きます。斜めに引くと 45°を単位に引くことができます。

　一度引いたラインの決定は、画用紙の空いているところをクリックします。

　ツールボックスの中の↖を選択し、再びラインを選択すると、ラインを支配する長方形とハンドルが出てきます。ハンドルを選択して伸縮、回転を行います。

　ラインの太さを指定するためには、下の図のライン指定の▼を選択して太さを決めます。

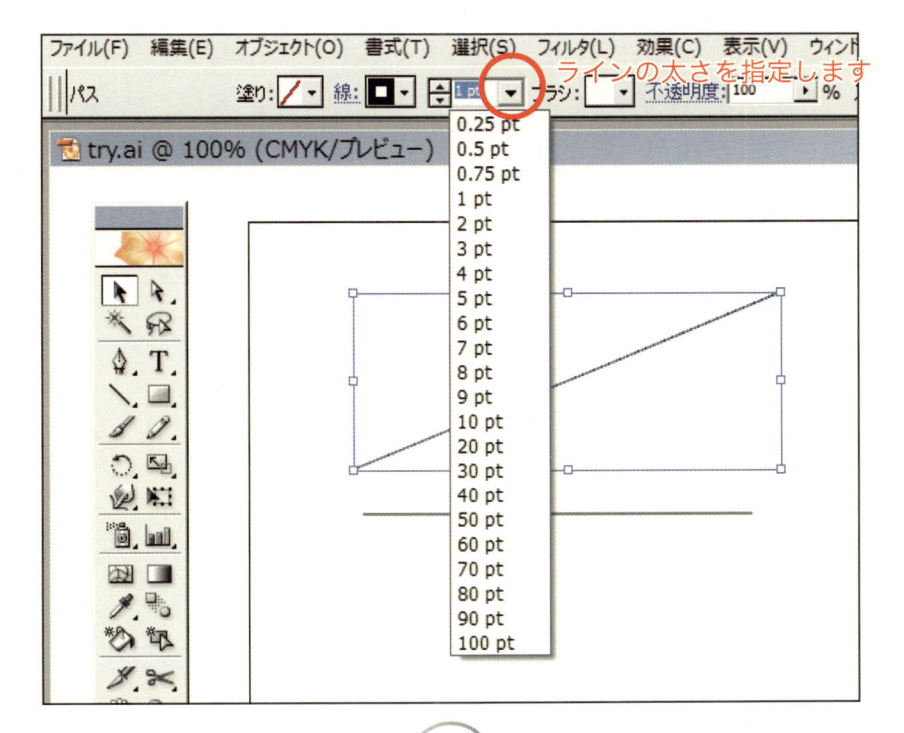

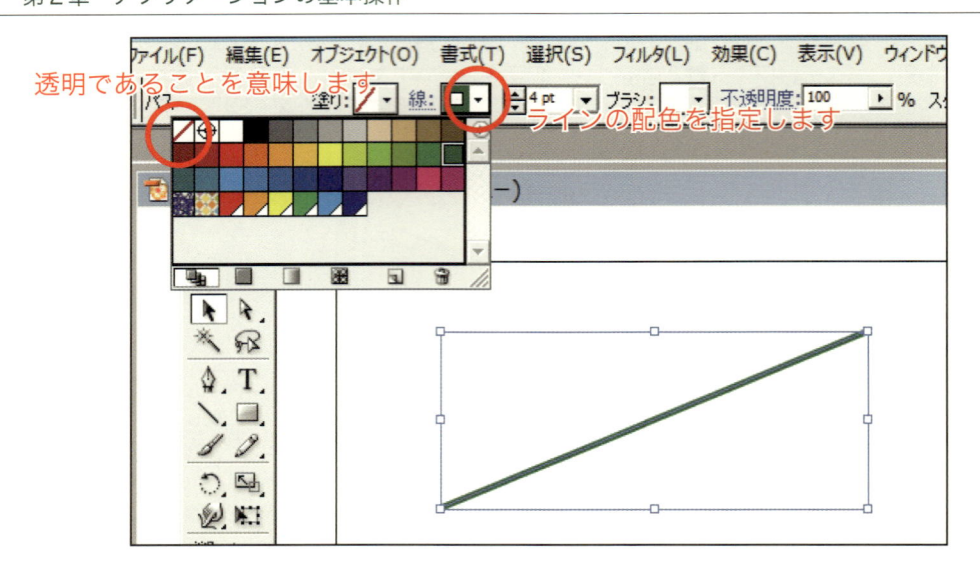

ラインに配色するときは、配色したいラインを選択してから、上図の▼をクリックします。クリックするとパレットが表示されます。パレットの中の／は透明を指定するときに使います。

複数のライン（オブジェクト）を選択するときは、↖を選択し、画用紙の中で下の図のようにドラッグして選択します。

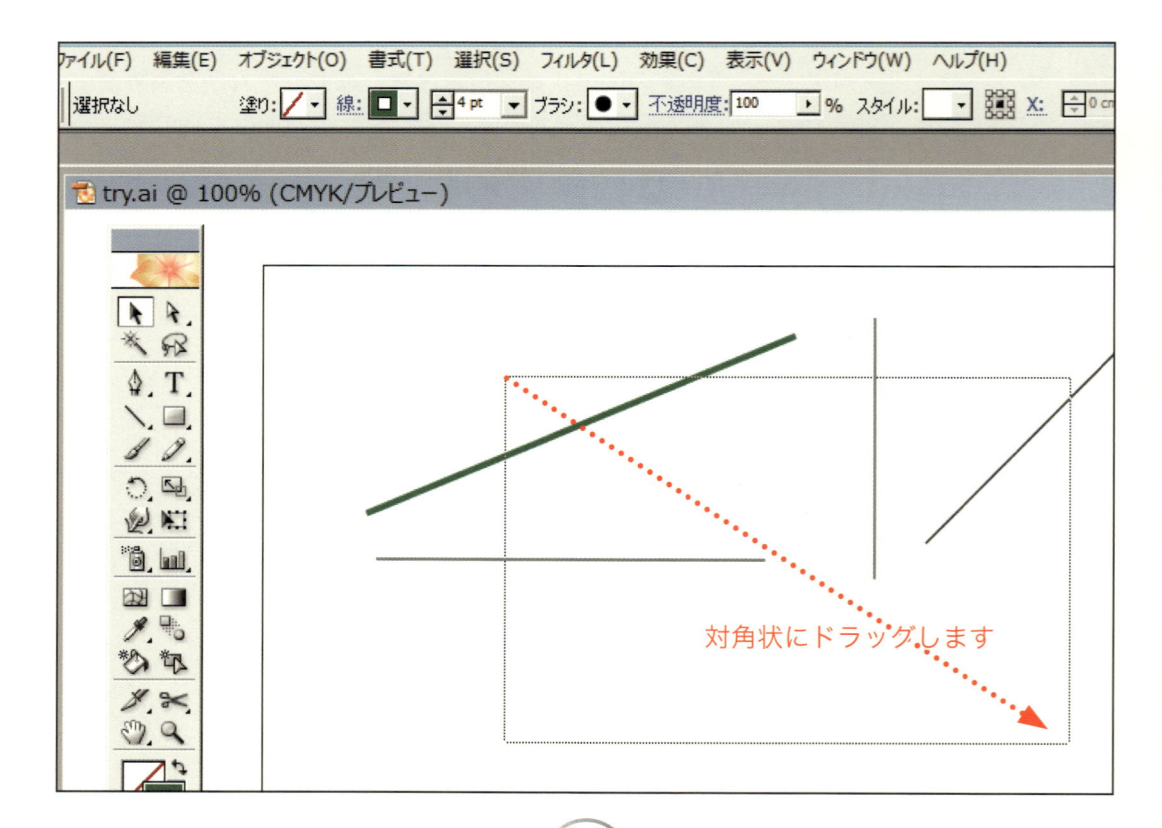

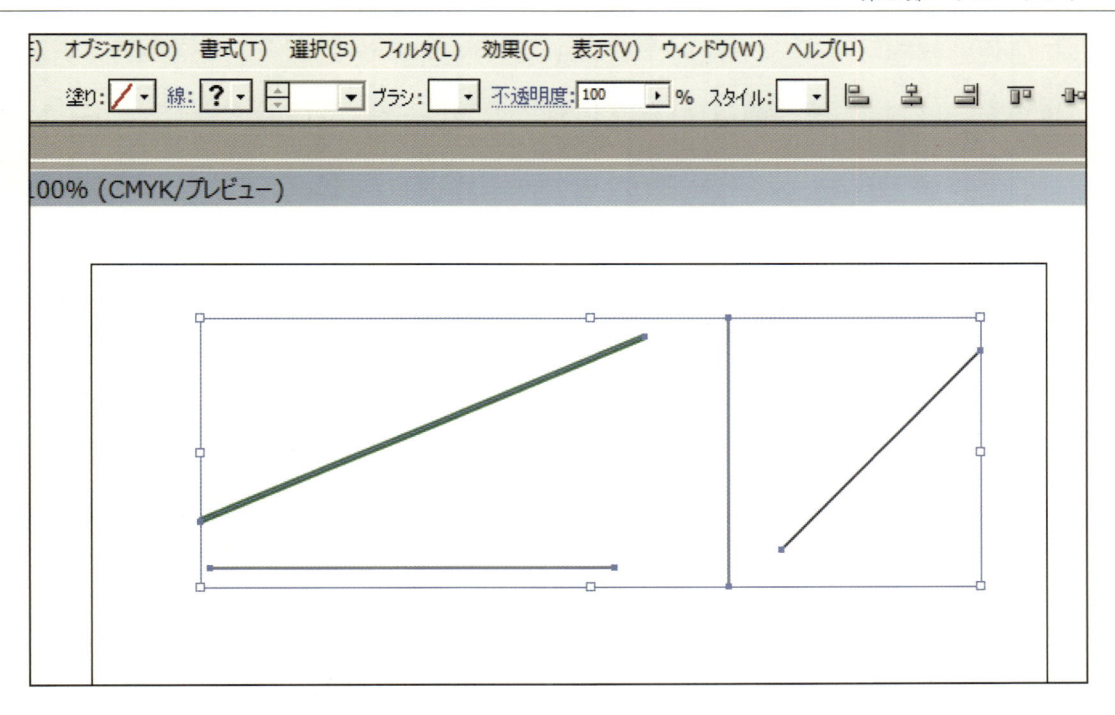

複数のラインを同時に選択した結果を示す（上図）。

　次に面積を持つ長方形を描きます。①のボタンでいったんリセットします。②の長方形ツールを選択し、マウスカーソルを画用紙に移動し、③のようにドラッグします。

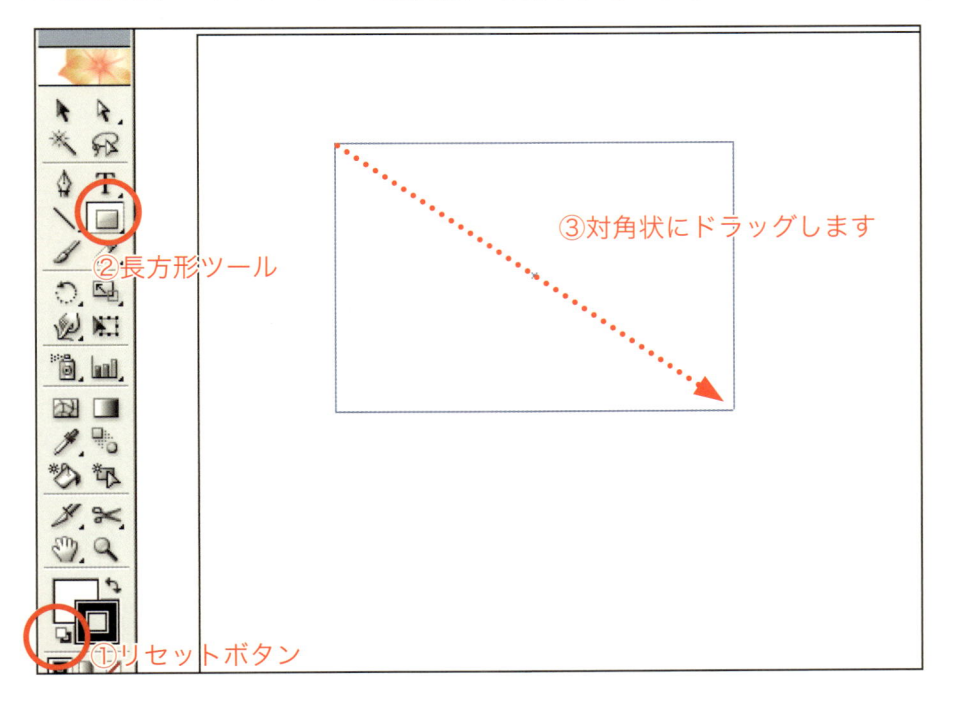

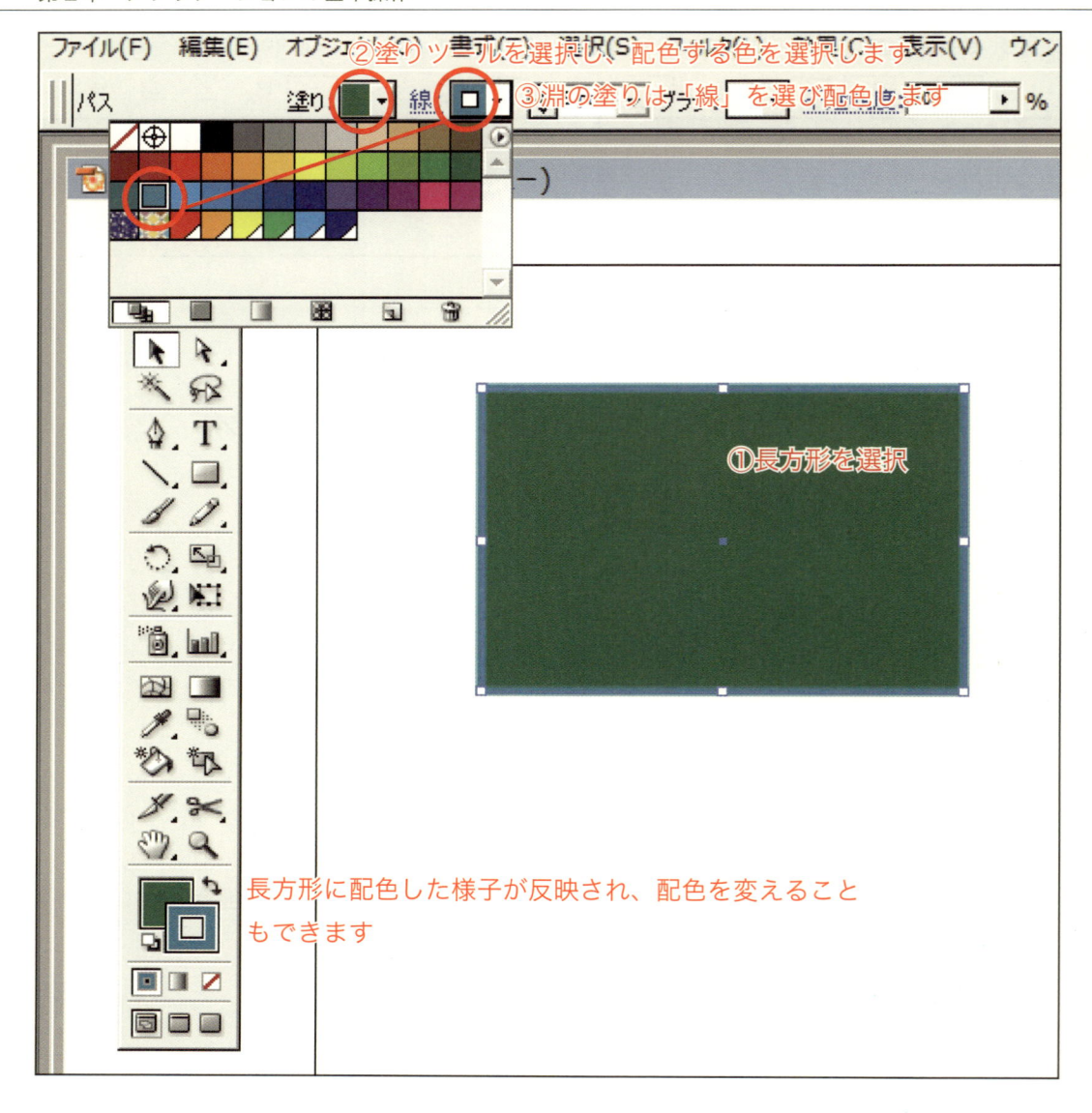

太さを持っているラインの引き方、面積を持っているオブジェクトとしての長方形の描き方を利用して、何度も練習し使い慣れておきましょう。

ラインや長方形を画面から消すときは、対象となるオブジェクトを選択して、キーボードの delete キーを押すことで消すことができます。消したオブジェクトを戻すためには、消した直後に、メニューの編集から「やり直し」を選択し回復します。

ラインや長方形などのように、1 つの塊（オブジェクト）単位で生成し、オブジェクト単位で消す、という方法を一貫してとるのがドロー機能です。

オブジェクト単位で描いたり消したりするということが理解できたら、次は移動と重なりを練習します。

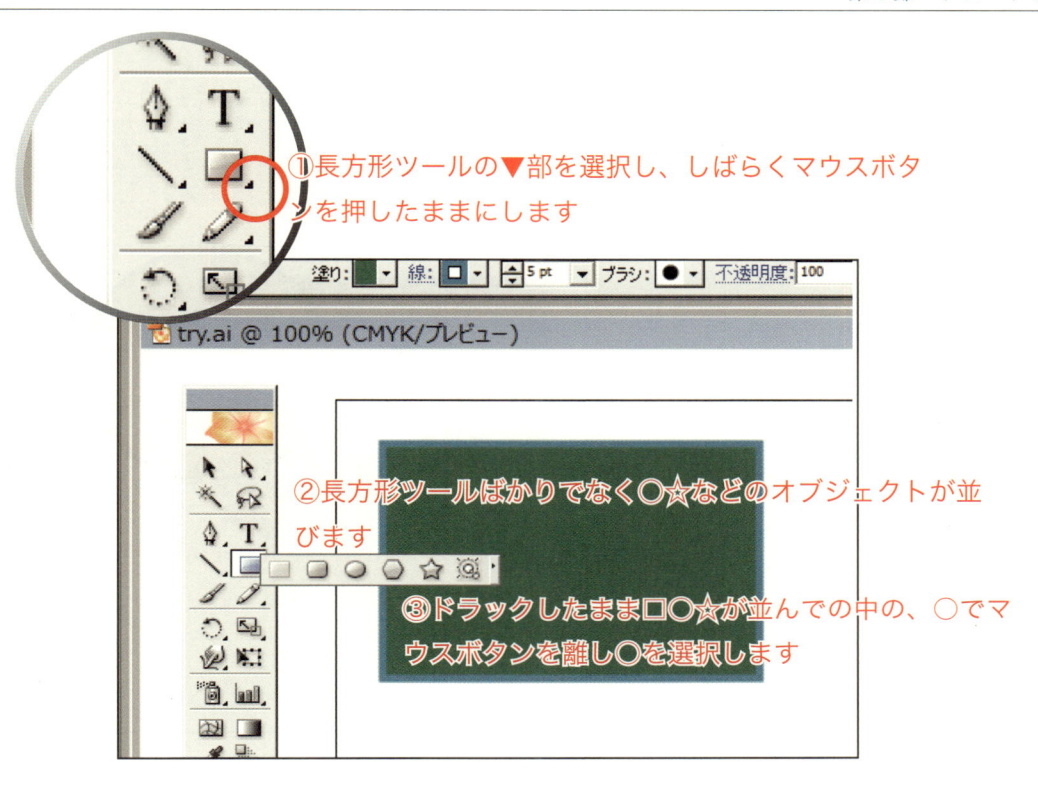

①長方形ツールの▼部を選択し、しばらくマウスボタンを押したままにします

②長方形ツールばかりでなく○☆などのオブジェクトが並びます

③ドラックしたまま□○☆が並んでの中の、○でマウスボタンを離し○を選択します

　長方形ツールから○記号である楕円ツールの選択に成功したら、長方形ツールは楕円ツールに変わります。楕円ツールを選択して、画用紙にマウスカーソルを移動し、ドラッグして対角状に移動し、マウスボタンを離すと、楕円ができます。Shift キーを押したままで同じことをすると、完全な円を描くことができます。緑色の長方形の上に円または楕

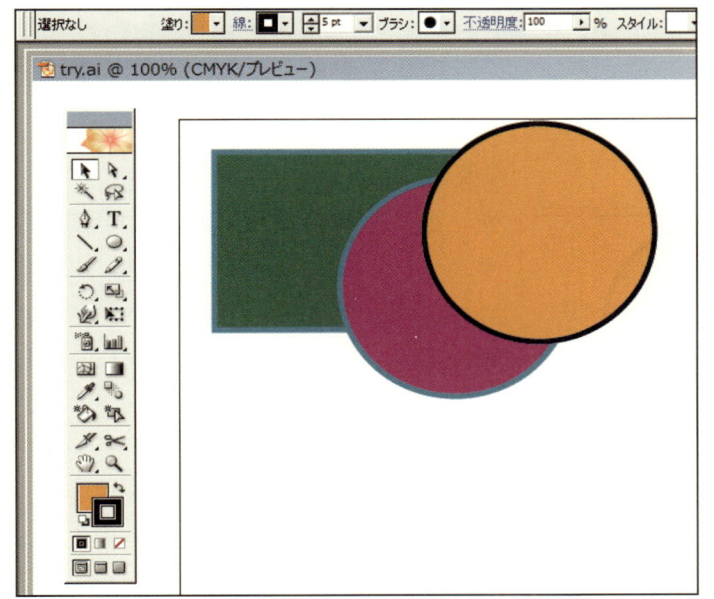

円を二つ描き、わかりやすくするためには配色を施して見ます。

　オブジェクトは２つ以上あれば、オブジェクトの重なりについての説明ができます。

　図のように、オブジェクトが３つ重なっている状態で説明します。

　３つのオブジェクトのうちオレンジ色をしている円のオブジェクトを選択します。

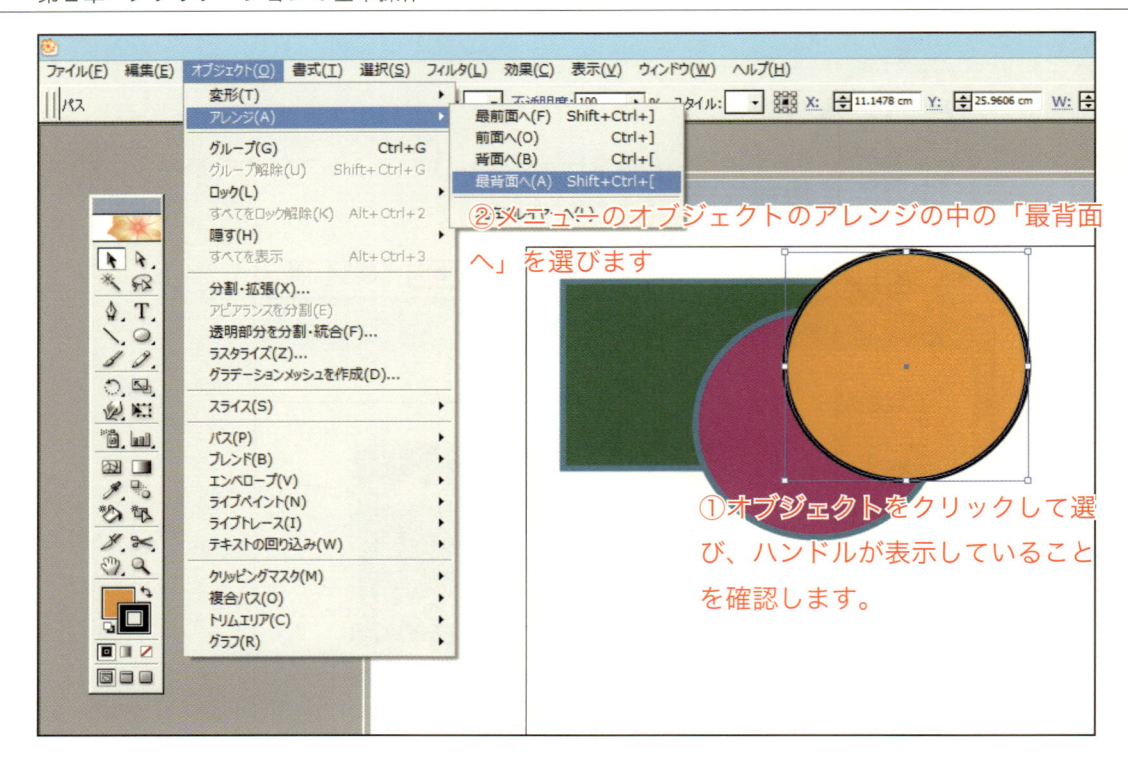

ドローソフトおよびドロー機能には、オブジェクトを選択した後、そのオブジェクトの重なりをどこに移動するかというコマンドが用意されています。イラストレータ CS2 の場合は、メニューの中のアレンジに用意されています。選択したオブジェクトをトップに移動するときは最前面といい、１つ前に移動するときは前面へ、というようにたいていは４つのコマンドを表示します。

今回は「最背面」を実行してみます（下図参照）。

オブジェクトには、ラインがあって、ラインには長さ、太さ、配色などの設定があります。これらの設定のことを属性やプロパティということがあります。

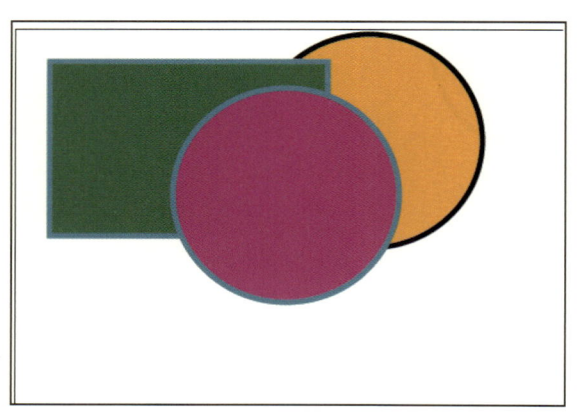

長方形ツールは、図形ツールとも呼ばれ、ライン同様に画用紙に対角状にドラッグしてオブジェクトを作ります。

オブジェクトには、複数のハンドルがあって、ハンドルの１つを選択して伸縮したり回転したりします。

ラインと面積を持つ図形ツールの後は、文字列です。

次は、ドロー機能の中でのテキストはどのように操作するかを練習します。

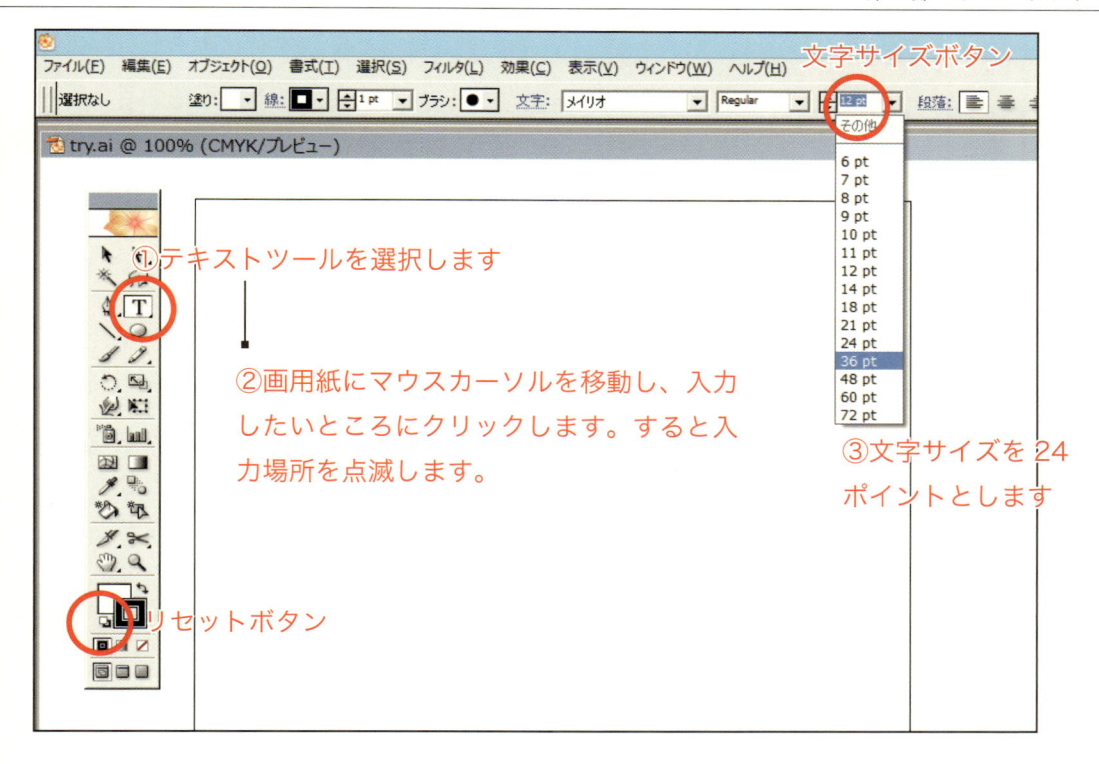

　ラインと長方形ツールの練習後、テキストツールを練習するときは、リセットボタンをクリックしてリセットしたほうがいいでしょう。

　①テキストツールを選択し、②画用紙のどこかに文字入力する場所を決めてマウスをクリックします。入力カーソルがカチカチと点滅したら、③文字サイズボタンをクリックしてサイズを大きくします。

　ここまで成功したら、キーボードを日本語入力に切り替えて、「今日は天気がいい。」と入力します。

　入力が上手く行くと図のようになります。return（Enter）キーで改行するのは、テキストエディタと同じです。

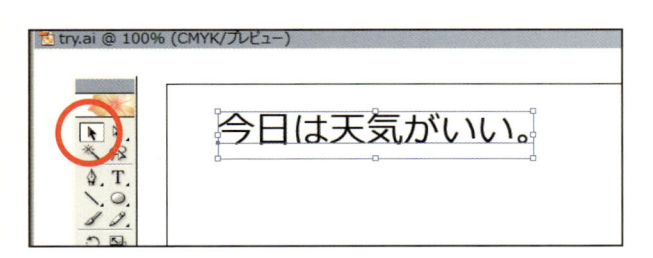

　一度入力した文章をオブジェクトとして扱うためには、マウスカーソルをツールの↖にクリックすると図のようにハンドル付きの長方形で囲まれます。

オブジェクトとして選んだものに回転を与えるには、回転ツールを選択してオブジェクトのハンドルを移動すれば、図のように回転します。

再び入力した文章を編集するときは、Ｔツールを選択し、編集したい文字のところをドラッグして選択し、サイズ変更などをすることができます。

　以上のライン、図形オブジェクト、テキストボックス使って、下記のようなデザイン画を作ることができます。

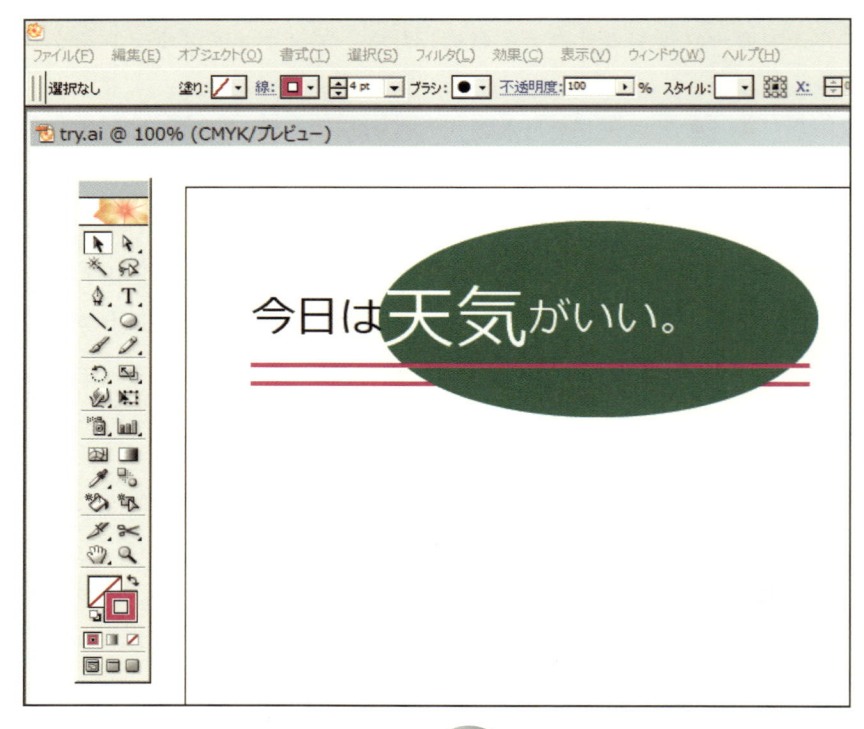

　イラストレータ CS2 ばかりでなく、本編のオブジェクト操作方法を再現するためのツールの場所や操作方法がわかれば、ドロー機能であるなら、どんなソフトを使っても同じような図を作成することができます。

　下の図は、イラストレータ CS4 で作成した例です。

Adobe Illustrator CS4

Keynote.app

　アップル社の Keynote を使っても同じように作成できます。

❸実際のデザイン

　本編で紹介したイラストレータも、次節で紹介するフォトショップであっても、プロのためのツールではありません。誰でも手順通り行えば、デザイナーと同じクオリティで成果物ができます。

　逆に、高いクオリティでデザインできるように、イラストレータや各ソフトのドロー機能が装備されています。

　下図のような「防犯ビデオ作動中」のデザインは、イラストレータの基本的な操作方法を知っていれば、作成できます。

　重要なのは、デザイン専門技能を知らなくても短時間でデザインすることができる、ということです。

　一度、イラストレータでデザインしたものは、サイズを変えてもクオリティを落とすことなく、様々な素材にプリントして利用することができます。

エレベータ内に貼られたシールの例　　　電柱内に貼られたアクリルの例

　イラストレータやフォトショップを使えば手軽にできる反面、社会的な問題となるのは、コピーしてはならないもののコピーデザインです。

　日本の場合は、商標登録という方法を行って、オリジナルを守ることができます。

　しかし、商標登録制度が確立されていない国は、無断コピーや違法コピーの取り締まりがありません。

　イラストレータやフォトショップなどのデザインツールを解説する上で必要なのは、操作方法と合わせて、違法コピーの範囲と遵法精神です。

　パソコンにドローとペイントをもたらしたのは、アップル社のマッキントッシュで、当時の MacOS（当時は単にシステム）にツールボックスというプログラム群を搭載して実現しました。

　通常の OS だけでは、メニューバーやドロー機能を製作するときに、ソフトメーカーが独自に作成しなくてはならなかったので、ソフトを作るということは、相当な時間と費用を要しました。

　しかし、パソコン・OS メーカー側から、ツールを提供されていたなら、統一した動作が実現できるばかりでなく、ソフトメーカー側の労力が軽減され、メニューバーやアラートなどの製作業務を必要としなくなります。アップル社は、マッキントッシュを購入した時点で OS にツールボックスというプログラム・ライブラリーを提供し、そのためのルールブックとして「インサイドマック」を配布しました。

　ツールボックスとそのルールブックである「インサイドマック」を使って何ができるか、という典型的な例題としてマックペイントとマックドローを配布しました。ツールボックスのアイディアを実現したのは、ビル・アトキンソンらのエンジニアです。彼らは、ツールボックスを利用してできたマックペイントとマックドローのソースを惜しみなく配布し、その後のパソコンの発展に寄与しました。

　ドロー機能が、オブジェクトという単位で変形し移動したりして描いていくのに対して、ペイント系は、ドット操作をします。

左が筆者、右がビル・アトキンソン
ジェネラルマジック社にて

マッキントッシュのツールボックスを使ったプログラム例として配布されたマックペイント

　この節では、前節で紹介したドロー機能の代表格であるイラストレータと、ペイントソフトの代表格であるフォトショップを比較することでペイント系ソフトの特徴を解説します。

イラストレータを使って図のように、テキスト文字を入力し、配色したりフォントサイズを変えたりしてみます。

入力した文字を、ベクトルに変換します（入力した文字を選択し、メニューの書式から「アウトラインを作成」で完成します）。

文字の淵に沿って、ハンドルと曲線が輪郭を取っていることがわかります。曲線で囲まれている面が着色されて、文字は表示されています。

ドロー機能は、テキスト文字であれ、何であれ、オブジェクトに変換し、オブジェクトを単位としていることがわかります。

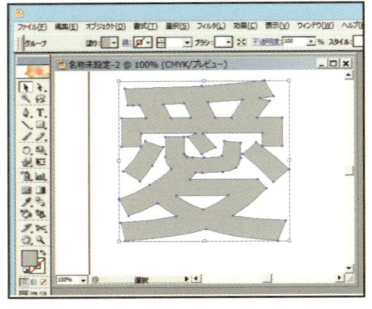

Adobe Photoshop CS

Adobe Photoshop CS2

Adobe Photoshop CS4　　CS バージョン

ペイント系の代表ソフトは、アドビのフォトショップです。ペイント系ソフトに文字を描いても、消しゴムツールを使うなどして文字の上をドラッグすると、図のように消えてしまいます。

ドロー系のソフトはオブジェクトで構成されているのに対して、ペイント系はドット単位（小さなタイルに配色している）で絵を実現しています。

下の図は、ペイントで描かれた図を極限まで拡大したものです。ドットは現実的にはある単位を持った正方形のタイルであることがわかります。膨大な量のタイルのひとつひとつに着色をしてカラー表示を実現しているのが、ペイントソフトの本質です。

このため、ペイント系ソフトを使ってのオブジェクト化ができないので、絵の箇所や場所に名称を与えることはできません。

ペイント系は、筆ツールなどを選択し、次に配色選択して、画用紙に筆を使った絵を描くイメージで利用するようにできています。このため、ツールとなるメニュー項目やツールボタンが抜きん出て多く、複雑な操作をマスターしなくてはならないのがペイント系ソフトの欠点です。

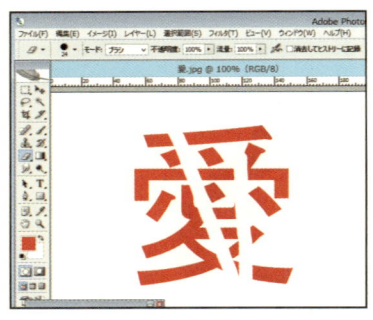

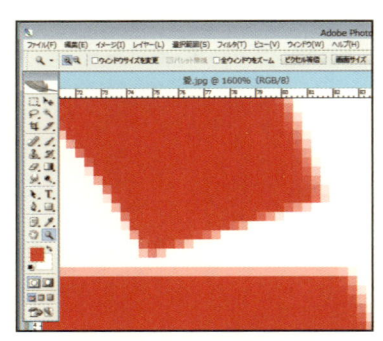

上の図のように、描いた縁がギザギザになることをジャギーといいます。

── 例題２-06　スタンプツール ──

　Before の写真の中の赤○の中の「立入禁止」の看板を消して、After のように直しなさい。

Before

After

解説と解答例　アドビ社フォトショップ CS2　for win8.1 の例

レイヤーリスト

リセットボタン

【手順１】ファイルオープンしたら、メニューのウィンドウから「レイヤー（F7）」を選択して、レイヤーのリストを表示します（左図参照）。

　レイヤーリストに、ファイルがオープンされていたら、そのリストを W クリックして「新規レーヤー名」の画面を表示させ、レイヤー名を入力するか、レイヤーの名称をそのままにして、OK とします。

　ファイルオープンして、すぐに行うことは、ファイルをレイヤーにセットすることです。

　図の赤丸は、イラストレータのリセットと同じリセットボタンです。

スタンプツール

透明レイヤー

レイヤー追加

【手順２】次に、レイヤーリストの下のアイコン（拡大図参照）をクリックしてレイヤーを追加します。レイヤーを追加すると、リストには２つ目のアイコンができて、オープンしたファイルの上に、透明なレイヤーが載っているイメージを作り上げます。

【手順３】レイヤーはマウスで選択してドラッグすれば、上下に移動します。上に透明レイヤー、その下に写真という順であることを確認してください。そうでない場合は、ドラッグを使ってレイヤーを移動してください。

　写真の上に、透明レイヤーが１枚置かれているというイメージです。

　そのイメージが固まったら、ツールからスタンプツールを選択してください。

※不要なレイヤーを削除するときは、不要なレーヤーを選択して、レイヤーリストの下にあるゴミ箱にドラックするか、キーボードの delete キーを押して削除すれば消えます。

【手順4】ツールリストの中のスタンプツールを選択したら、レイヤーの写真を選択します。

　レイヤーの中の写真を選択したということは、写真を使って作業ができることを意味し、それ以外のレイヤーは見えているけれども、何かのツールを使って作業をすることはできません。

　スタンプツールは、スタンプを使って塗り込みたい場所を選択し、記憶させて、別の塗りたい場所に映り込ませるツールです。

　レイヤーでは写真を、ツールではスタンプツールを選択して、写真の上にマウスを移動しキーボードのOptionキーを押したままにします。すると、図のような十字を含んだ○マークが出ます。○マークが出たら、写真の中で欲しい箇所に移動し、マウスボタンをクリックします。

　これで写真の欲しい箇所がスタンプに記録されました。コピー＆ペーストと同じく画面上に何らかの変化が起こるわけではありません。

　スタンプツールのサイズを変更したいときは、赤○にあるスタンプのサイズ設定を行います。

【手順5】次に、再びレイヤーリストに戻って、今度は写真の上にある透明レイヤーを選択します。

　透明レイヤーが選択されたら、消したい箇所にマウスカーソルを持ってきて、右ボタンを押しながら、ドラッグします。すると左図のように消えたように見えます。

　レイヤーとスタンプツールで映り込ませた結果が、どのようになっているかを知るためには、レーヤーリストのそれぞれの目のアイコンをクリックして、レイヤーを表示あるいは非表示してみながら、進捗の加減を確かめます。

【手順6】映り込みによる仕込みが完成したら、2枚のレイヤーを1枚に重ね、合体します。

　メニューの列にあるレイヤーの中の「画像を統合」を選んで、1枚の写真にします。

　保存方法などは、イラストレータやテキストファイルなどと同じです。

例題2-07　スクリーン

夜撮影した写真を、スクリーン機能を使って明るくしなさい。

Before

After

解説と解答例　アドビ社フォトショップCS2　for win8.1の例

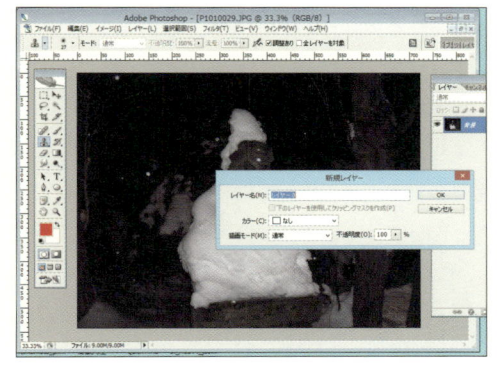

【手順1】写真をオープンして、レイヤーリストからWクリックしてレイヤー0というような名称を付けるところまでは、先の例題の2-08と要領は同じです。

レイヤー指定しない状態では、呼び出したファイルは「背景」となっています。背景という名称のままでの作業は、フォトショップ上では保証がなく、フォトショップが持っている本来の機能が使えなくなるなどの障害があります。

呼び出したファイルには、必ずレイヤー登録する必要があります。

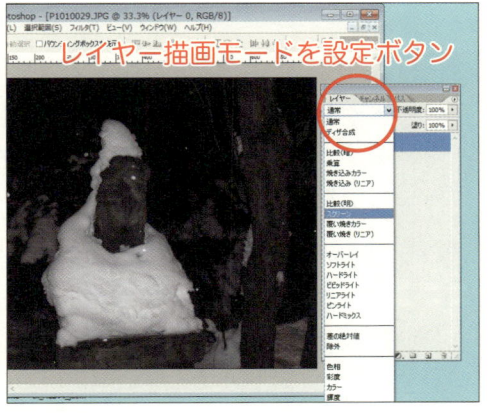

【手順2】レイヤーリストの「描画モード」（図の赤丸のところ）をクリックし、描画モードリストの中から「スクリーン」を選択します。

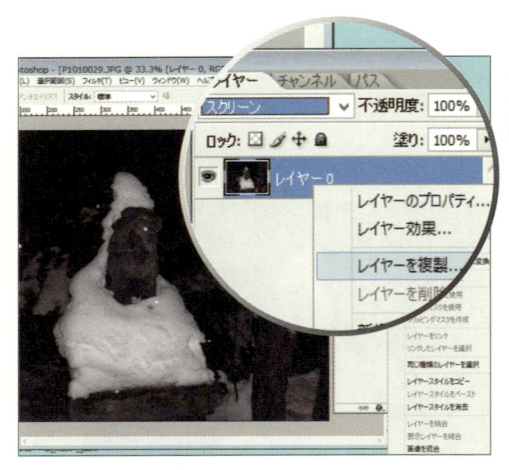

【手順3】描画モードを「スクリーン」にセットしたら、そのレイヤーを選択して右クリックし、「レイヤーを複製 ...」を選択します。

【手順4】「スクリーン」のままで新規レイヤーを複製で重ねると、スクリーン効果が効いて明るくなります。

　原理的なことが理解できたならば、明るくする箇所のみをマジックハンドなどで切り抜き、新たにレイヤーに置くなどして「スクリーン」効果を使います。

　レイヤーを「スクリーン」にして重ねたならば、その写真は明るく変化します。

　スクリーンの反対は、「乗算」です。乗算を繰り返した例を下の Before/After の写真で確認しましょう。

Before

After 乗算後

── 例題 2 -08　差分 ──

　下の２枚の写真は、枯れ葉の上を人が歩く前の写真と、歩いた後の写真である。差分機能を使って、枯れ葉の上を歩いた様子を再現させなさい。

解説と解答例　アドビ社フォトショップ CS2　for win8.1 の例

　差分は、２枚のレイヤー写真を使って行います。差分をとりたい写真をレイヤーに載せて、ペアで差分します。差分をとった画像は、同一が黒、変化が白になりますが、実際には、白よりもグレーになることが多く、わかりにくいので、反転して白をベースに表示します。

【手順１】差分したい写真に 01 や 02 というように名称を与え、上の図のようにフォトショップ内でオープンします。

【手順2】差分をとりたい写真02をアクティブ（選択すること）にし、メニューの「選択範囲」から「全てを選択」を選び、続けてメニューの「編集」から「コピー」を選びます。

【手順3】コピーしたら写真01をアクティブにし、メニューの「編集」から「ペースト／貼付け」を選びます。ペーストがうまく行くと、自動的にレイヤーが増えて、上図のようになります。
※ 02.png は、説明を簡単にするために、閉じておきます。

【手順4】写真01と02がレイヤーで重なったら、上になっているレイヤーを選択して、不透明度を50%暗くらいに下げて下のレイヤーとの重なりを調整します。

上のレイヤーを半透明にするのは、上の写真を移動したり回転したりして、下の写真との位置を一致させるためです。
　を使って下の写真と一致させます。

【手順5】レイヤーを使って、下の写真と上の写真が一致したら、不透明度を100％に戻し、描画モードの中から「差の絶対値」を選択します。差の絶対値は、必ずレイヤーの中で、◉ をスイッチしながら２枚ペアで使います。

「差の絶対値」を使うと、２枚の写真にズレがないところは黒く、ズレがある箇所は白く表示されます。

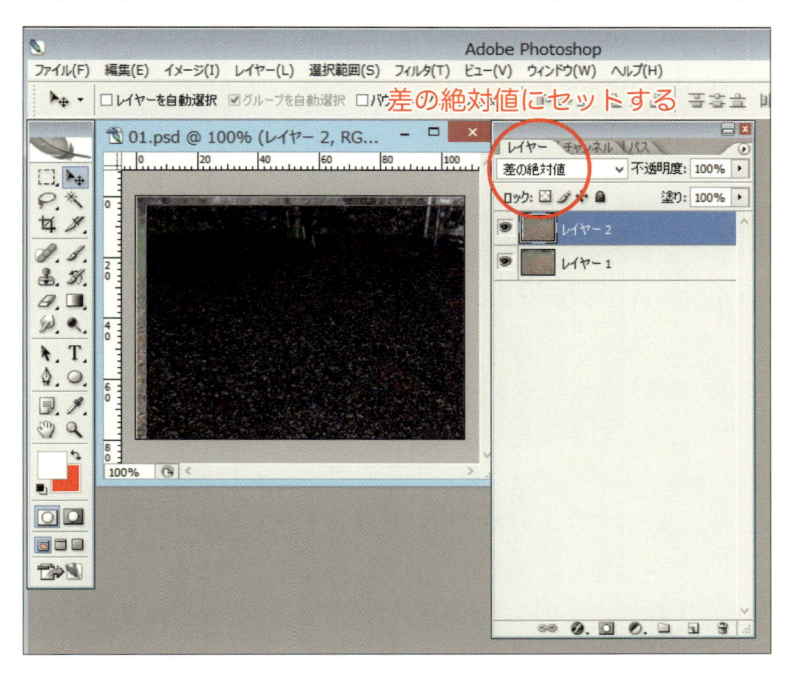

差分図が完成したら、pngで保存し、再度開いて反転し下の図のように仕上げます。

反転させ、差分で変化があったところを
黒くして完成させます。

ペイントソフトは、基本的に画用紙にペンで絵を描くイメージで使います。

このため、ツールには、鉛筆、ペン、筆、消しゴムで構成されています。

○や□のようなオブジェクト単位で、画用紙に描くのと違って、消すときは消しゴムで消すイメージをとります。

ペイントソフトは、オブジェクト単位でないので透明レイヤーを使います。

透明レイヤーを重ねるイメージで、修正や加工を行うようになっています。

ペイントで使うドットは、dpi（ドット・パー・インチ）という単位で表示します。

ドットはピクセルと同じです。1ドットは、1ピクセルです。1インチあたり、どれくらい細かくして表示されるかを示すので、ドット数が細かければ細かいほど、美しく表示されます。

72dpiという値は、1インチあたりの正方形を72分割した時の正方形が最小単位であることを示します。

液晶モニターに表示するときは、100dpi程度よりも細かくして表示しても効果がなく、100dpiと200dpiとの映像を比較しても差がありません。

しかし、紙に出力するような場合は、カラー写真は300dpi以上必要ですし、300dpiよりは600dpi。600dpiよりは1200dpiの方がより美しく印刷されます。

一方、オブジェクト型のドローソフトで表示される絵には、もっぱらプリンターの性能に依存します。dpi数で描画を操作することは、基本的にないからです。

下の図の日の丸のついた扇子の絵を見てみましょう。アイコンのように小さいままで使うのであれば、絵の境界線のギザギザは気になりません。しかし、扇子のアイコンの絵を拡大すると、ギザギザになります。このギザギザになって見える絵の状態のことを、ジャギーといい、グレースケールなどでジャギーを消すことをアンチギャギーといいます。

dpi数を上げて美しくすれば、ファイルの容量は増大し、dpi数を落とせば、ファイルの容量は節約される代わりに、画像にジャギーが多くなり、美しさが低減します。ペイン

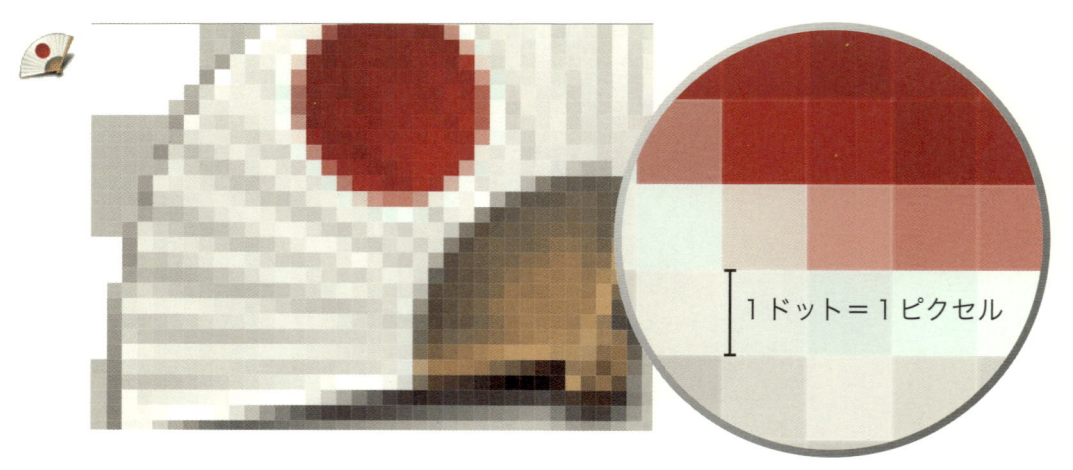

1ドット＝1ピクセル

ドットやピクセルは、1インチを単位としています。1インチは、2.54cmのことです。上図のドット図のように、正方形のタイルに着色をしているイメージで表示されます。

この1インチを300分割すると、300dpiで、印字したときは2.54cm ÷ 300dpi ≒ 0.0085cm　0.085mmを1辺とする正方形のタイルを使って表示します、という意味になります。1200dpiの場合は、0.021mmを1辺とする正方形のタイルとして印字されます。

ただし、300dpiでスキャンしたものを、パソコンの中で1200dpiに変換しても美しさに変化はありません。反対に、300dpiでスキャンしたものを100dpiに変換すると、画像は劣化してジャギーだらけになります。

トソフト系でいうアンチジャギーという効果は、ドットでギザギザになる角を、グレースケールを使ってジャギーを解消することをいいます。

　レイヤーという視点から描画を見ると、フォトショップのようにレイヤーの層によって構成されるのが正しいレイヤー法です。

　基本的にレイヤーは、透明であるという特徴を持っています。

　透明を維持するファイルは、フォトショップ・ファイルの他に .gif と .png があります。.pict や .jpg は、透明を保証していないので、素地は白になります。

　ドロー系の代表としてイラストレータを解説しましたが、描画のツールが少なく、操作も単純なので、操作を説明する解説書は、ペイント系に比べて少ないようです。

　ペイント系ソフトは、ツールがあまりに多いのと、描画の目的も様々です。

　本書では、ペイント系ソフトを使う上での基本事項を解説しました。ペイント系を本格的に学ぶためには、目的を明確にして、目的達成ごとに訓練する必要があります。

　以上が、パソコンの中に取り込まれた画像を、紙に印刷することを前提とした美しさの単位の解説になります。

　基礎知識として、モニターに表示する画像サイズ（静止画）と単位について解説します。

　モニター表示をする場合の美しさを示す指標は、解像度です。

　モニターは、モニターの背面にある LED を使った光源によって表示されます。光源を使ったカラー色は、パソコン内部の表示が 100dpi 程度の表示で十分で、人の目はこれ以上を検知できないからだといわれています。

　解像度の単位は、ピクセルです。1 ドットと同じですが、dpi が正方形だったのに比べ、ピクセルは、正確な正方形のタイルではありません。LED の光源が正方形ではなく円であるため、ほぼ正方形と考え、垂直のラインを想定しています。これを、有効垂直解像度といいます。

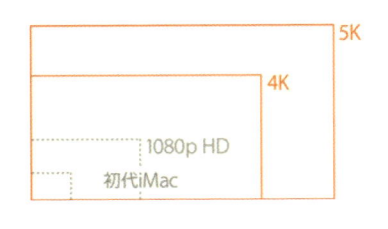

　モニター表示は、先にモニターのサイズがあって、モニターのサイズに即して表示します。

　4K 解像度のモニターサイズは、3840×2160 ピクセルです。縦横の比は、横が 16、縦が 9 で 16:9 と書き、アスペクト比といいます。4K 解像度は、横 4,000× 縦約 2,000 前後ピクセルの画面解像度を再現することをいいます。4 K の K はキロを意味し 1000 を指します。

　Blu-ray 放映は、2K 解像度で、2048×1080 ピクセルです。2K は、1080i という単位で示されます。1080i は、有効垂直解像度 1080 本という意味でフルハイビジョンという名称を持っています。

　4K 解像度は、2160p で、2K の 1080i の縦横それぞれ 2 倍であることを示し、画素数は 4 倍になります。また 4K は、スパーハイビジョンの名称があります。

つまり、表示の美しさは、有効垂直解像度が単位であり、LED の密度が高いほど美く表示します。

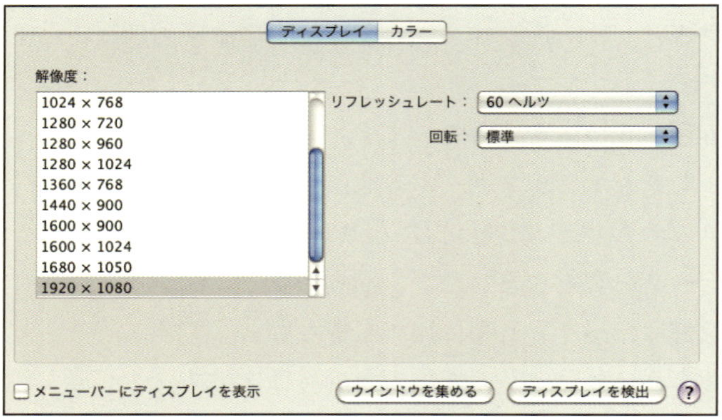

表示画像の美しさは、各自のパソコンのモニター表示設定で確かめることができます。

左図は、MacOS X で示される設定画面です。

解像度を変化させて、表示がどのようになるか確かめることで、ピクセル単位の変更と解像度についての理解が深まります。

一方、モニターは、パソコン本体と接続する方法によって解像度が異なります。

現在は、VGA 接続、HDMI 接続、DVI 端子による接続の三つがあります。

[VGA接続]　最大出力解像度は2048×1280 ピクセルです。2560×1600 というフル HD（1920×1080）を超えるモニターとの接続は、クリアではなくなります。

[HDMI 接続（High Definition Multimedia Interface）]　ハイビジョンテレビ用の規格で、画像信号ばかりでなく、オーディオも規格内に入っています。通常の解像度は 1,920×1,080 で 2K には対応していますが、そのままであるなら VGA よりは劣ります。

しかし、パソコン側にグラフィックボードがあれば、ボードのスペックにより 3,840×2,160 で 30Hz に対応し、最大で 4,096 × 2,160 で 24Hz に対応します。

[Thunderbolt 接続]　解像度は 3840×2160 で 4K 対応した規格です。画像とオーディオばかりでなく、データ通信（10Gb/s の高速接続）ができます。

[DVI 端子による接続 (Digital Visual Interface)]　DVI 端子には「DVI-D」と「DVI-I」の 2 タイプあります。解像度のスペックは 1920×1200 までの出力を最大としているので、VGA よりは劣ります。

本章を基礎に、CAD、3D、CG の世界に挑戦することができます。さらに、動画、動画編集へと発展させることができるでしょう。

また、プログラム開発をする上で、スタンダードな操作方法と操作ルールを理解して、それを開発するソフトに踏襲することができます。

この章のポストテスト

【問1】 次に示すツールまたは部位の名称を言いなさい。

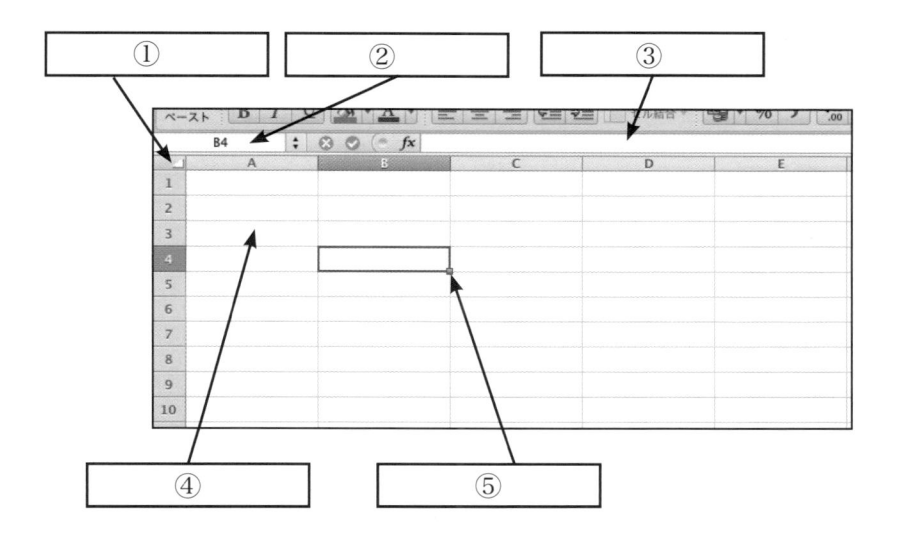

【問2】 次に示す拡張子の親名または特徴をいいなさい。

① .txt　　② .ai　　③ .pdf　　④ .jpg　　⑤ .png　　⑥ .gif　　⑦ .eps　　⑧ .svg
⑨ .csv　　⑩ .xlsx　　⑪ xls　　⑫ html

【問3】 カラー表示について RGB と CMYK の違いについて簡潔に説明しなさい。

「複製」の脅威

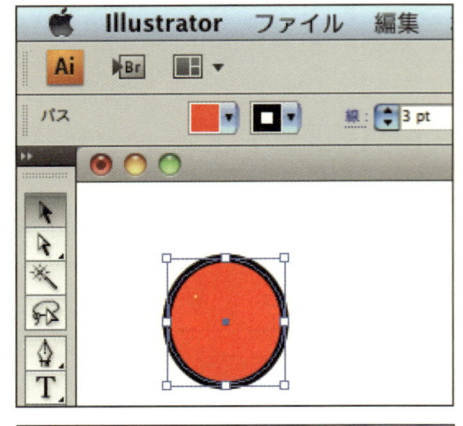

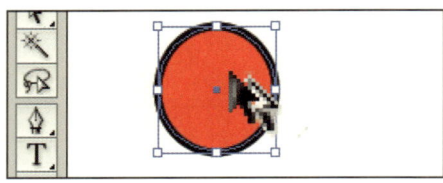

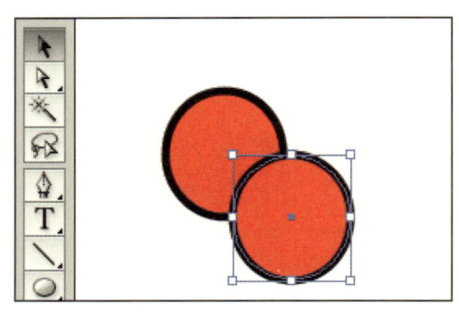

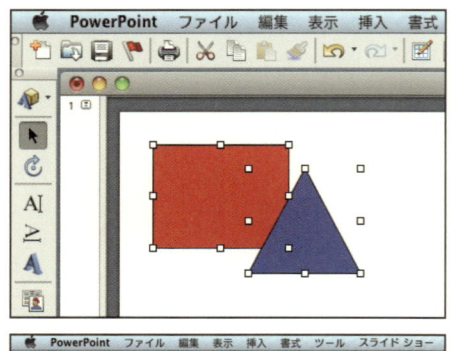

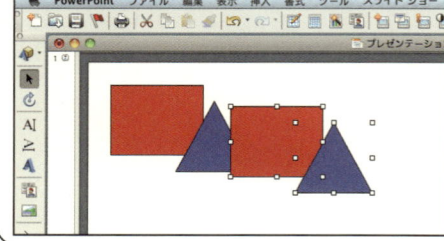

コピー＆ペーストまたはカット＆ペーストは、パソコンの便利機能の一つです。ペーストのことを「貼付け」というメニューもありますが、日本でいう貼付けのイメージとは、少し違うので、私は英語のペーストを使います。

パソコンにはコピー＆ペーストのほかに、よく似た「複製」という機能があります。

左図はイラストレータ CS4 で円を描いて、その円のオブジェクトを選択したところです。

CS2 であれ、最新のものであれ、「複製」の仕方は全く同じなので、覚えておきましょう。

キーボードの option キー（マック用）か、Alt キー（ウィンドウズ）を押したまま、マウスカーソルを選択したオブジェクトに重ねると、図のように W で矢印アイコンがでてきます。W アイコンになったら、マウスの左ボタンを押したままドラッグして移動し、離します。

すると完成図のように、オブジェクトが 2 つできます。optin（alt）キーと合わせて複製をするのはアドビ社の特徴です。InDesing も optin（alt）キーと連動して複製をします。

他のドロー系で「複製」を行うときは、マックはコマンドキーと D キーで、ウィンドウズは Ctrl キーと D キーを使います。

左図のようにパワーポイントで複数のオブジェクトを作って、複数のオブジェクトを選択します。

メニューの「編集」にある「複製」を選ぶか、マックはコマンドキー、ウィンドウズは Ctrl キーを押したまま、「D」キーを押します。「複製」の操作が成功すると、選んだオブジェクトと同じオブジェクトが重なります。

コピー＆ペーストでも同じことができますが、キーボードと強調するところがミソで、整列や等間隔の複製をするときに便利な機能として利用ができます。

第3章　コンピュータ・サイエンス

BASIC 言語　フローチャート　数値計算

第1節　整数と小数

　パソコンに用意されている数値は、小数で示される実数です。虚数の表示は、プログラムを行うなどして独自に表示しなくてはなりません。分数も虚数と同様に、独自プログラムを作るなどして利用する以外、用意されていません。

　これを踏まえて、第2章で学んだ表計算ソフトを使って、整数と小数の分離表示を練習してみましょう。

例題 3 -01　カルクによる整数と小数表示

　下記の表のように、小数点第2位までの実数（正の数）が入力されたとき、整数部と小数部を分けて表示する数式を完成しなさい。

Before　　　B列に小数第2位までの実数を入力します。

	A	B	C	D	E
1		実数値	整数部	小数部	
2		3.14			
3		123.45			
4		800.26			
5		12345.67			
6		1234567.891			
7					

After　　　C列には整数部、D列には小数部を表示します。

	A	B	C	D
1		実数値	整数部	小数部
2		3.14	3	14
3		123.45	123	45
4		800.26	800	26
5		12345.67	12345	67
6		1234567.891	1234567	89.1
7				

解説

　数式で使う関数は、int 関数です。= int( ) のカッコ内に小数点のある値が入ると、その値の整数部のみを表示します。たとえば、

　　　　= int (3.14) は、3 の値を表示（返すといいます）します。ただしカッコ内は、半角英数かセル位置でなくてはなりません。

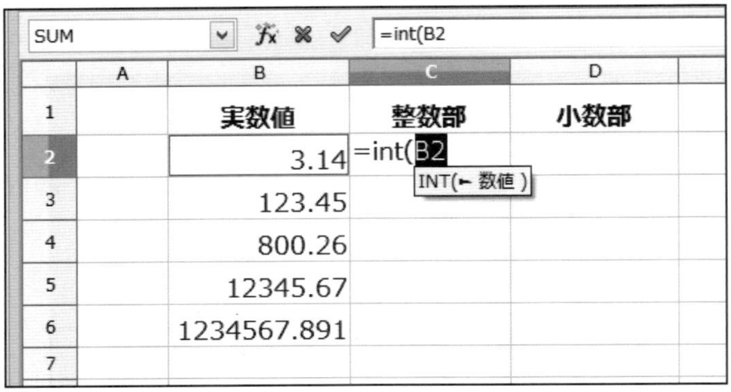

SUM				=int(B2	
	A	B	C	D	
1		実数値	整数部	小数部	
2		3.14	=int(B2		
			INT(← 数値)		
3		123.45			
4		800.26			
5		12345.67			
6		1234567.891			
7					

　セル C2 を選択します。

　キー入力が半角英数になっていることを確認して、= キーを押します。セルの最初が = のときは、そのセルには数式が入ることを意味します。= の後に int と入力し、括弧します。

　= int (まできたら、マウスで B2 をクリックして括弧を閉じてもいいですし、キーボードから B2) と入力してもいいです。

　式が入力されたら、Enter キーを押します。Mac の場合は、return キーでもいいです。

　図のように C2 の値が整数 3 を表示したなら C 列は成功です。

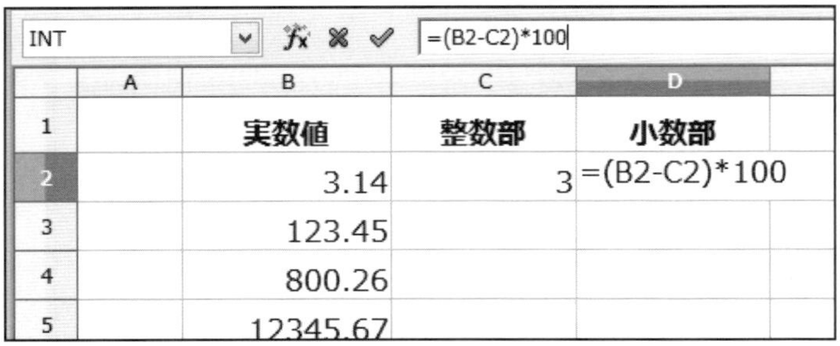

INT				=(B2-C2)*100	
	A	B	C	D	
1		実数値	整数部	小数部	
2		3.14	3	=(B2-C2)*100	
3		123.45			
4		800.26			
5		12345.67			

　次に小数部です。

　小数部の表示は、D 列なので、D2 を選択します。

　数式を入れるので = キーを押して、式を作ります。

　半角英数で
= (B2 - C2) * 100
と作って Enter/return キーで完成します。

	A	B	C	D
		=(B2-C2)*100	C2:D2	
1		実数値	整数部	小数部
2		3.14	3	14
3		123.45		
4		800.26		
5		12345.67		
6		1234567.891		
7				

数部	小数部
3	14
123	
800	
12345	

※ アップル社 Numbers09 のフィルは、選択したセルの中央にハンドルが表示されます。これを使って、フィルします。

OpenOffice Calc および MS Excel の場合のフィル

フィル機能を使って、残りの行に式を入れます。

C2 をいったん選択し、右にマウスドラッグして D2 の両方を選択します。

選択したら、マウスボタンを解放します。

選択されている D2 の右下にある■にマウスカーソルを合わせ + になっているのを確認したら、マウス左ボタンを押したまま、下方向にドラックし下方向へフィルします（第2章参照）。

※ Numbers'09 の場合は、選択したセル下中央に表出されるハンドルをドラックします。

フィルが成功すると、すべての行に式が入り、整数部と小数部とに分かれて表示します。

ただし、小数点第3位は再び小数値で表示することを確認してください。

表計算ソフトを使って確認ができたら、次は BASIC でやってみます。

例題3-02　BASIC による整数と小数表示

　小数点第2位までの実数（正の数）が入力されたとき、整数部と小数部を分けて表示するプログラムを完成しなさい。

解説

BASIC 言語のエディタ操作は、本書のアペンデックスに掲載してあります。

ループ処理についての練習は、第4節で行うので、例題3-02 は、1行だけの実行になります。

解答例

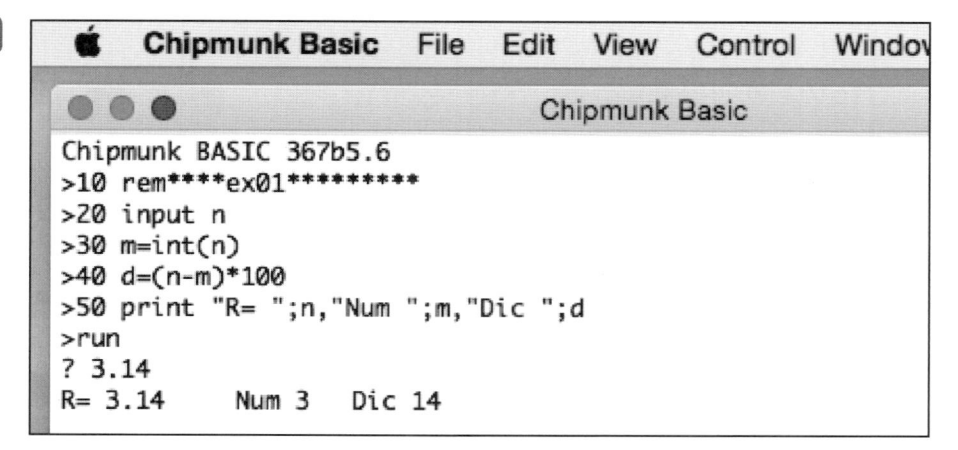

```
🍎  Chipmunk Basic   File   Edit   View   Control   Window

● ● ●                    Chipmunk Basic

Chipmunk BASIC 367b5.6
>10 rem****ex01*********
>20 input n
>30 m=int(n)
>40 d=(n-m)*100
>50 print "R= ";n,"Num ";m,"Dic ";d
>run
? 3.14
R= 3.14      Num 3    Dic 14
```

第2節　フローチャートと数式記述法

　プログラミングする前に、プログラムを人の思考方法で考えるツールがフローチャートです。

　何の言語であれ、パソコンにプログラミングするときは、例題3-02のように1行1行、横文字で書いたものをパソコンが解読するようになっています。

　しかし、人の思考は、データが上から下へ流れる要領で縦書き思考をします。縦の流れで思考すべきことを、1行の横書きの文章で考えようとすることに無理があります。

　そこで、先人のエンジニアの方々は、横にした文章で記述する前に、思考を記号化して考える訓練を提供してきたのです。

　問題解決するためのプログラムという極めて機械的な言語に、人の思考を置き換えるためのフローチャート記号は、単純にできています。フローチャート記号をマスターしながら、先人が提供してくれた問題解決の手順を理解し、プログラムに変換する練習がここの節の目標です。

　フローチャートは、必ず鉛筆と自分の手を使って描きます。頭ばかりでなく、手の筋肉にも覚え込ませなくてはなりません。

　フローチャートを描くためには、鉛筆（シャープペンシル）、消しゴム、または消せるボールペン、A4 程度の方眼紙、それにフローチャートのテンプレート定規（下の写真参照）を用意して進んでください。

　本書の最後のページに、「読者はがき」と「しおり」それに簡易のフローチャートテンプレートを掲載してあります。

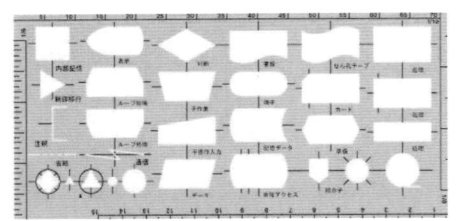

　菱形と角が丸い長方形と円をカッターなどで切り取り、テンプレート定規の代用として利用することができます。

【本編で使うフローチャート記号】

角が丸い長方形の枠　主にプログラムの最初と最後を示す記号。端子といいます。開始、スタート、Start に対して、終了、END、Stop、終わりなどの単語が入ります。

ライン・線　原則として上から下にデータが流れていることを表す。フォローチャート上のラインは直線を使い、曲線および斜線は使用しません。

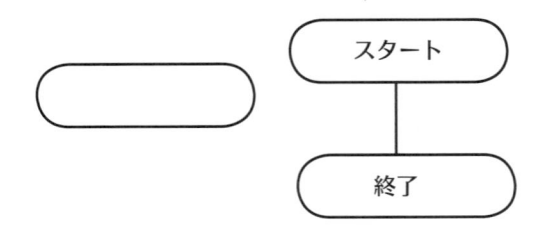

菱形の枠　判断や分岐を示します。菱形の上の角がデータの入力口で、残りの３つが分岐して出て行くデータの出口を示します。パソコンは、原則２つのものを比較すること以外できません。出口は３つあるのですが、使うのは２つです。

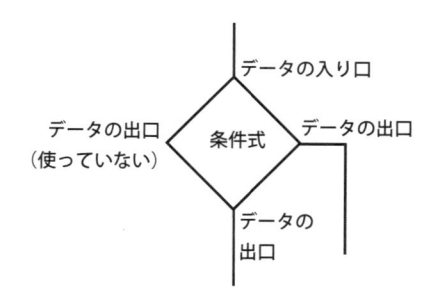

　比較した結果、菱形の中の式が正しいか正しくないか、もしくは真か偽かという判断をして出口からデータを送り出します。出口となる角には、成立して出るのか、不成立で出るのかを記述します。中の条件式が成立するときは YES、成立しないときは NO としておくのがわかりやすいでしょう。

　右図は、変数 N の数値が３よりも大きいかどうかを比較して、大きいのなら A の方向へ、そうでない（等しいか小さい）場合は、B の方向に進むという意味を示すフローチャートです。

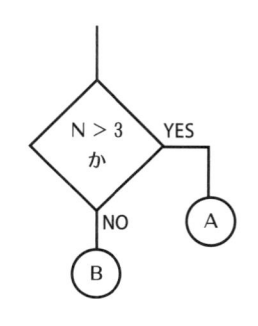

　菱形の中の条件式の最後には、必ず「か」という疑問詞を入れることになっています。そうするほうが、第三者が見てもわかりやすいからです。

　条件式が正しい（N の値を４とする）ときは、菱形を抜けて YES と描かれているラインに分岐します。図では○の中に A と描かれています。○も端子ですが、端子の中に描かれている記号の場所にジャンプすることを意味します。

　条件式の中身が正しくない（N の値を３とする）ときは、NO のラインに進み B の場所にジャンプします。

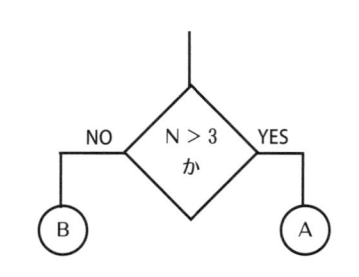

　分岐ラインの書き方は、右のような書き方であっても、ロジックが間違っていなければいいので、問題はありません。

　比較の条件式は、以下のようになります。

菱形に入る数式	意味	プログラミング記号
A = B	A と B は等しい	A = B
A > B	A は B より大きい	A > B
A < B	A は B より小さい	A < B
A ≠ B	A と B は等しくない	A <> B
A ≦ B	A は B 以下である	A <= B
A ≧ B	A は B 以上である	A >= B

※ A >= B と書くところを A=>B と書くと解読不可能のエラーとなります。

平行四辺形の枠　入出力を意味します。BASIC では input 命令や print 命令を指します。

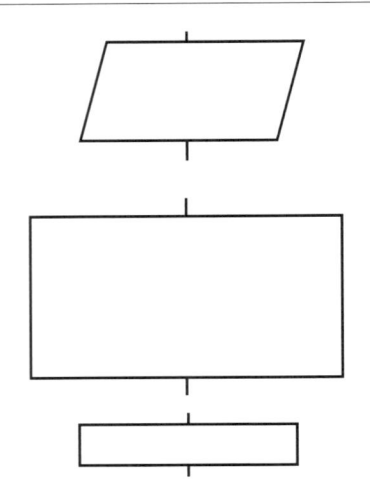

長方形の枠　一般にプロセスを示す。プログラムでプロセスは、変数に値を格納することを意味します。格納先に矢印を入れ、変数 N に 3 を格納するときは、

　　　N ← 3　と書くか、　3 → N　と書きます。

BASIC または表計算ソフトでは、＝を使います。条件式の＝とは、意味が違うことを整理しておきましょう。

以上が、本編で登場する主な記号です。例題 3-02 をフローチャートにしてみましょう。

　　　※ループ記号は、第 4 節で説明します。

```
>10  rem****ex01****
>20  input  n
>30  m = int ( n )
>40  d = ( n - m ) * 100
>50  print  " R=  " ; n , " Num  " ; m, "Dic " ; d
```

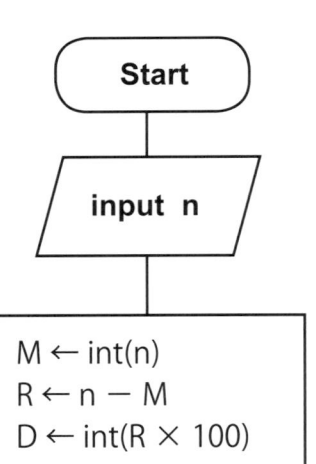

【例題 3-02　フローチャート例】

①分岐やループがない単純なフローチャートであることを念頭に置き、Start を端子に入れて作ります。

②入出力は平行四辺形を使います。入力した値を n という変数に格納します。

③演算なのど命令群は長方形の中に書きます。

←は格納を示し、int(n) の計算結果を変数 M に格納していることを示します。

また、M ← int(n)　という書き方は、int(n) → M　と書いても同じ意味を持っています。以下、変数 R と D に計算結果が格納されます。

④入出力のこの場合は、表示を示しています。計算結果の M の変数 M と D に格納されている値を表示させることを意味しています。

⑤端子を作ってプログラムがここで終わることを示します。

数式記述法

　フローチャートの記述法がある程度理解できたら、次は数式を記述するためのルールを履修します。

　コンピュータおよびパソコンとの対話入力は、ラインといって1行記述しては、実行させる方法を使います。しかし、我々は、例えば、小学校で習った

$$2\frac{1}{4} + 3\frac{2}{3}$$

を理解できないし、計算できません。中学のときに習った下のような式はどうでしょう。

$$y = ax^2+bx+c$$

aとx^2との間には×の記号があって、乗算している記号が省略されていることも、x^2は、xを乗算している記号であることも理解できません。

　そこで、ラインつまり1行で数式を書き直すという方法を使って、コンピュータに計算させるようにしたのです。

$$2\frac{1}{4} + 3\frac{2}{3}$$　は、（2＋1/4）＋（3＋2/3）と書きます。解は、小数で5.91666... です。

　2＋3＋(1/4＋2/3)と書いても結果は同じになります。整数部は5、分数部は11/12で、0.97666.... です。

$$y = ax^2+bx+c$$　は、どうでしょう。　y＝a＊x＾2＋b＊x＋cとなります。

　数式のルールは、数学の記号とほぼ同じです。式の中に（）があれば、最初に優先して計算します。括弧の中に括弧がある場合は、内側の括弧の計算が優先されます。

　括弧の計算の後は、関数です。ルート√を示すキーはないので、sqrt や sqr という名称の関数を使います。第2章で学んだ int や sum も関数です。

　括弧、関数、次が ＾ で示す累乗です。3^2は、3＾2と書きます。

　累乗の次は、負号です。- を見ます。

　次に演算子による計算です。＊ と / は同等です。- と ＋ は、＊ と / の計算後に実施されます。

　演算記号とキーボードの位置や名称は、本書のアペンデックスにまとめてあります。参考にしてください。

　いくつか練習をして、ライン変換に慣れましょう。

　下の数式は、エクセルのセルに書き込んだ式です。もともとの式に直してみましょう。

エクセルのライン式

◆	A	B	C
1		計算	
2		=1+1/6*15/4-3/8	

計算式　$$1+\frac{1}{6}\times\frac{15}{4}-\frac{8}{3}$$

記述練習 01　表計算ソフト

　次の表は、長方形の対角線の長さを求める表である。幅と高さから対角線（斜め）の距離を求める式を D2 に作り、下方向にフィルして完成しなさい。

NO	横幅（W）	高さ（H）	距離（長さ）
1	8.945	89.499	
2	84.067	92.641	
3	44.264	47.157	
4	40.953	49.324	
5	20.516	27.674	
6	10.967	4.501	
7	26.366	30.142	
8	60.323	49.180	

解説

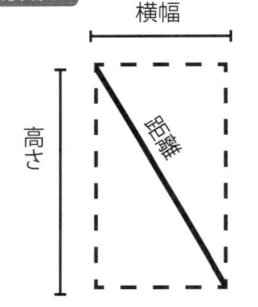
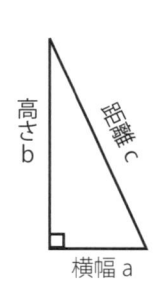

直角三角形の定理から　$a^2 + b^2 = c^2$

c の値は、0 よりも大きく、

$\sqrt{a^2 + b^2}$　で求められる。

解答例

NO	横幅（W）	高さ（H）	距離（長さ）	
1	8.945	89.499	=sqrt(B2^2+C2^2)	
2	84.067	92.641		
3	44.264	47.157		

D2 に入力される数式は、

= sqrt (B2 ^ 2 + C2 ^ 2) または、ソフトの違いにより = sqr (B2 ^ 2 + C2 ^ 2)　である。

　完成したら、D2 を選択して、下方向にフィルします（次ページ参照）。

NO	横幅（W）	高さ（H）	距離（長さ）
1	8.945	89.499	89.94505346
2	84.067	92.641	125.0984064
3	44.264	47.157	64.67693015
4	40.953	49.324	64.10897059
5	20.516	27.674	34.44922194
6	10.967	4.501	11.85473111
7	26.366	30.142	40.04647844
8	60.323	49.180	77.83035273
9	55.523	17.909	58.33959761
10	9.686	6.747	11.80444285
11	47.962	85.629	98.14646605

　距離の算出表は、実践的によく利用する計算です。

　距離を求めるような場合、1 回だけの計算でいいのであるなら表計算ソフトを用いる必要はありませんが、距離を求める場合の計算は、たいていは複数回行うことが多く、数カ所に渡って計算しなくてはなりません。

　直角三角形の定理ばかりでなく、三角関数を用いた計算も然りです。誤差の範囲を考慮しながら距離の算出が求められます。

　また、時を経て、過去の計算結果を参照する場合も多く、保存しておく必要があります。それには表計算ソフトが一番手軽で、便利でることが実感できます。

　表計算ソフトのライン入力の練習ができたら、今度は BASIC のダイレクトモードを使って数式の練習をします。

　ダイレクトモードは、BASIC を起動し、コマンドプロンプト＞の後に、print 命令△（半角スペース）に続く数式を入力して、return キーで計算させることをそういいます。

　例えば、＞の後に続いて、print △ 8 ＾ 5 と入力し return キーを押すと、＞ 32768 という値が表示されます。これをダイレクトモードによる計算といい、8^5 を実行させた結果を示しています。print △ 8 ＾ 0.5 はどうでしょう。0.5 乗は $\sqrt{8}$ と同じと習いました。

　ダイレクトモードでは、いくつかの関数も試すことができます。

　次ページの BASIC のエディタの履歴を見てください。

```
 Chipmunk Basic   File   Edit   Control
○○○
Chipmunk BASIC v3.6.5(b3)
>print 8^5        8^5 を計算。累乗は ^（カレット）を使います。
32768
>print 8^0.5      8^0.5 を計算。
2.828427
>print 8^.5       8^.5 を計算。0.5 は .5 でも同じ。
2.828427
>print 8^1/2      8^1/2 を計算しようとしたが、失敗。結果、8^1÷2 で解は 4。
4
>print 8^(1/2)    8^1/2 を計算。
2.828427
>print sqr(8)     √8 を計算。
2.828427
>_
```

記述練習 02　BASIC 数式

次の計算式を、BASIC に書き直しなさい。

（1）　$\sqrt{x^2 + y^2}$　　　　　（2）　$\dfrac{4\pi r^3}{3}$

（3）　$\dfrac{1}{\dfrac{1}{X} + \dfrac{1}{Y} + \dfrac{1}{Z}}$

解答例

（1）　sqr (x ^ 2 + y ^ 2)　または、(x ^ 2 + y ^ 2) ^ .5

（2）　(4 * pi * r ^ 3)/3　または、4 / 3 * (pi * r ^ 3)

（3）　1　/　(1/x + 1/y + 1/z)

　算数や数学それに理科で習った計算式を、パソコンの数式に書き直してプログラムすることは、よくあります。上記 3 つの例題は、基本的な数式です。

　上記例題の（1）は距離算出で使います。（2）は球の体積を求める式です。（3）は生産工程で使う生産性の式です。

分岐は英語でbranch(ボランチ)といいます。基本的にパソコンは、二者択一ができます。分岐は、IF 文を使います。表計算ソフトを使って、練習してみましょう。

例題3-03　3の倍数に *** を書く数式

B 列に 1 から 20 までの整数を書き、C 列に 3 で割った数の余りを示し、余りが 0 の行を D 列に *** を表示し、それ以外を空白とするスプレッドシートを作成しなさい。

Before　　B 列に 1 から 20 までの整数と C 列に 3 で割った余りを表示

	A	B 値	C mod	D hit
1		値	mod	hit
2		1	1	
3		2	2	
4		3	0	
5		4	1	
6		5	2	
7		6	0	
8		7	1	
9		8	2	
10		9	0	
11		10	1	
12		11	2	
13		12	0	
14		13	1	

After　　D 列に余り 0 を *** 表示し、それ以外は空白を書く

	A	B 値	C mod	D hit
1		値	mod	hit
2		1	1	
3		2	2	
4		3	0	***
5		4	1	
6		5	2	
7		6	0	***
8		7	1	
9		8	2	
10		9	0	***
11		10	1	
12		11	2	
13		12	0	***
14		13	1	

解説

余り算出には MOD を使います。

カルクソフトでの MOD の使用例　　MOD（数値，除数）

B4 に 5 が書かれいる場合、C4 の数式は、＝ MOD（B4,3）

　　　　　　　　結果 C4 には、2 が表示されます（返されるともいいます）。

C 列の各セルの数式を、フローチャートにしてみます。

※ゼロ 0 と O（オー）の見間違いを防ぐため、ゼロは 𝟎 を使う。

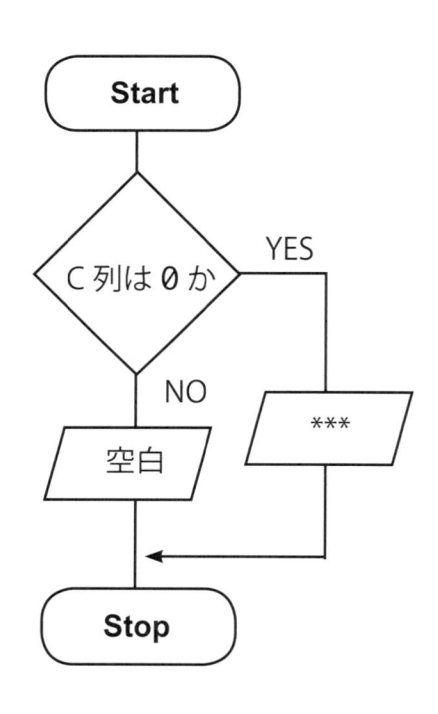

【フローチャートによる解答例】

　スプレッドシートのセルを判別しているので、フローチャートにするには、少々難ありですが、分岐を説明する例としては良しとしていただきたい。

　図は、もしも、C 列のセルが 𝟎 ならば、*** を表示し、そうでなければ空白にするプログラムのフローチャートです。

　D 列に入る数式

　　D2 に

　＝ IF（D2 = 𝟎,"***",""）　と書いて、フィルすれば完成します。

IF は、

　　IF（条件式　,A,B）

で書かれ、条件式が正しい時は A を実行し、そうでないときは B を行います。

　条件式は、セルの値ばかりでなく、数式でもいいので、D2 に、

　＝ IF（MOD（B2,3）= 𝟎,"***",""）　と書いても、結果は同じになります。

　表計算ソフトでの分岐が理解できたところで、BASIC に置き換えて分岐の練習をしてみることにしましょう。

　ループ制御についての練習をしていないので、ここでは 1 回 1 回実行させて、3 の倍数かどうかを判別する方法になります。

　BASIC での IF 文は、

　　　　　　行番号　　IF　　条件文　　THEN　A　ELSE　B

と書きます。ELSE 以下の文は省略できます。

例題 3 -04　3 の倍数に *** を書く BASIC

　整数値を入力するとき、3 の倍数であるなら *** を表示し、そうでなけれ
ば何もしないプログラムを作成しなさい。

解説

　変数の型（タイプ）について解説します。

　変数には型があって、代入しようとする値や文字と代入される変数側の型とが一致しなくては、エラー
になります。

　BASIC 言語の場合は、変数名に型を与えることで、代入される値を制御します。

例　変数 X に GOOD という文字列を格納する場合は、

　　　　10　　　X $ = " GOOD "

と書いて、変数名の後に$マークを入れます。

解答例

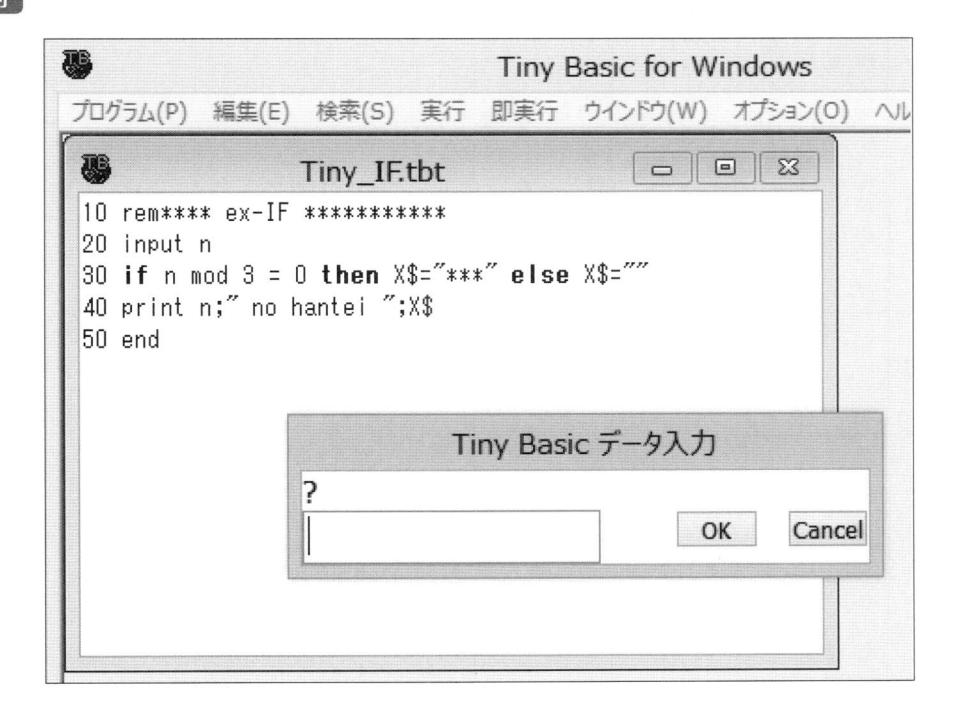

第4節　ループ

　分岐のボランチが出て、ループが出ると、スポーツのサッカーのループシュートと何かの関係があるような気がしますが、ここは全く関係がありません。

　ループというのは、あるプログラムを繰り返し行うことを、そういいます。

　表計算ソフトには、ループというのがなくて、その代わりにフィルがあります。

　フィルの場合は、人の目でどこまで繰り返すか決めることができますが、プログラムでのループは、何かの条件によって、ループから抜け出さなくてはなりません。ループから抜け出すためのプログラムを、制御プログラムといいます。制御が上手く行かないときは、ループは、終わりの無い「無限ループ」になります。

　無限ループを止めるためには、キーボードの**「esc」キー**を押せば、強制的にループを抜け出すことができます。無限ループを続けていると、パソコン本体そのものを破壊することにつながることがあります。

　いかなる天才エンジニアも、プログラミング中に、何度かは無限ループを作ってしまって慌ててしまう経験を持っています。無限ループに陥ったら、慌てることなく、esc キーを押してプログラムを強制終了してください。

> ─ 例題 3 -05　3 の倍数に *** を書くループ ─────
>
> 　1 から 100 までの整数値を生成し、3 の倍数であるなら *** を表示し、そうでなければ何もしないプログラムを作成しなさい。

解説

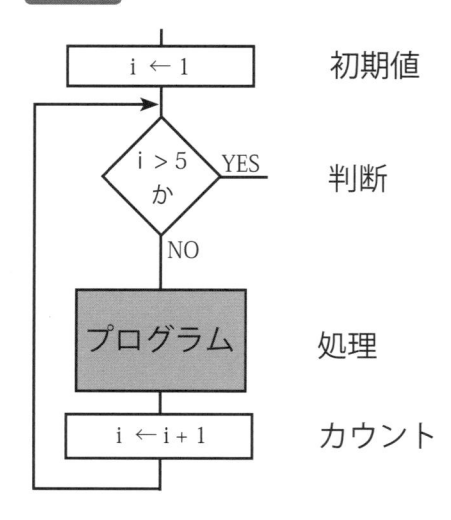

i ← 1	初期値
i > 5 か　YES　NO	判断
プログラム	処理
i ← i + 1	カウント

　1 から 100 までの正の整数を生成するループを作ります。次に、そのループの中で、生成された値が 3 で割り切れるかどうかを判断します。

　ループの定石を、フローチャートで解説します。

　初期値、判断、処理、カウントと覚えます。ループの戻り先にも注意しましょう。初期値は 1 回のみ通過させればいいので、ループの中に置いてしまうと、無限ループになります。

　判断の条件は「カウンタ変数　＞　回数」と覚えておけば、間違いありません。カウンタ変数は i ですが、カウントが 6 になったときにループを抜け出します。

　カウントは、i+1 を計算した結果が再び i に格納される、という意味で、i ← i+1 と書きます。

実際に BASIC のエディタを使って、プログラミングしていく様子を見ることにしましょう。

行番号 40 と 50 で、例題 3-04 で試したプログラムをそのまま使うことにします。

```
Chipmunk BASIC v3.6.6(b0)
>10 ren******EX3-05****
>20 i=1
>30 if i>5 then goto 200
>40   if i mod 3 = 0 then X$="***" else X$=""
>50   print i;" no hantei ";X$
>60     i=i+1
>70  goto 30
>200 print "END"
>210 end
>run
 Syntax error  in line 10
>10 rem****EX3-05****
>run
1  no hantei
2  no hantei
3  no hantei ***
4  no hantei
5  no hantei
END
>list
10 rem****EX3-05****
20 i = 1
30 if i > 5 then goto 200
40   if i mod 3 = 0 then x$ = "***" else x$ = ""
50   print i;" no hantei ";x$
60     i = i+1
70  goto 30
200 print "END"
210 end
>30 if i > 100 then goto 200
```

Chipmunk BASIC を起動しました。

>10　ren ではなくて rem が正しいけどかまわず入力します。

>20　初期値 1 を変数 i に格納

>30　いきなり 100 回行うのではなく、まずは 5 回でループを作ります。

>40 と 50　長いプログラムは、自動的に改行されても、気にせず入力します。

>60　カウントはこう書きます。

>70　ループのジャンプは GOTO を使います。GOTO 行番号で、その行番号に飛びます。

>run　早速、実行します。

エラーを食らいました。行番号 10 が文法エラーです、とでています。

> 行番号 10 を直します。

>run　すぐに実行します。

どうやら上手く実行したようです。

>list　リスト表示してプログラムを表示します。

>30　100 回に直します。

解答例

フローチャート例

プログラム例

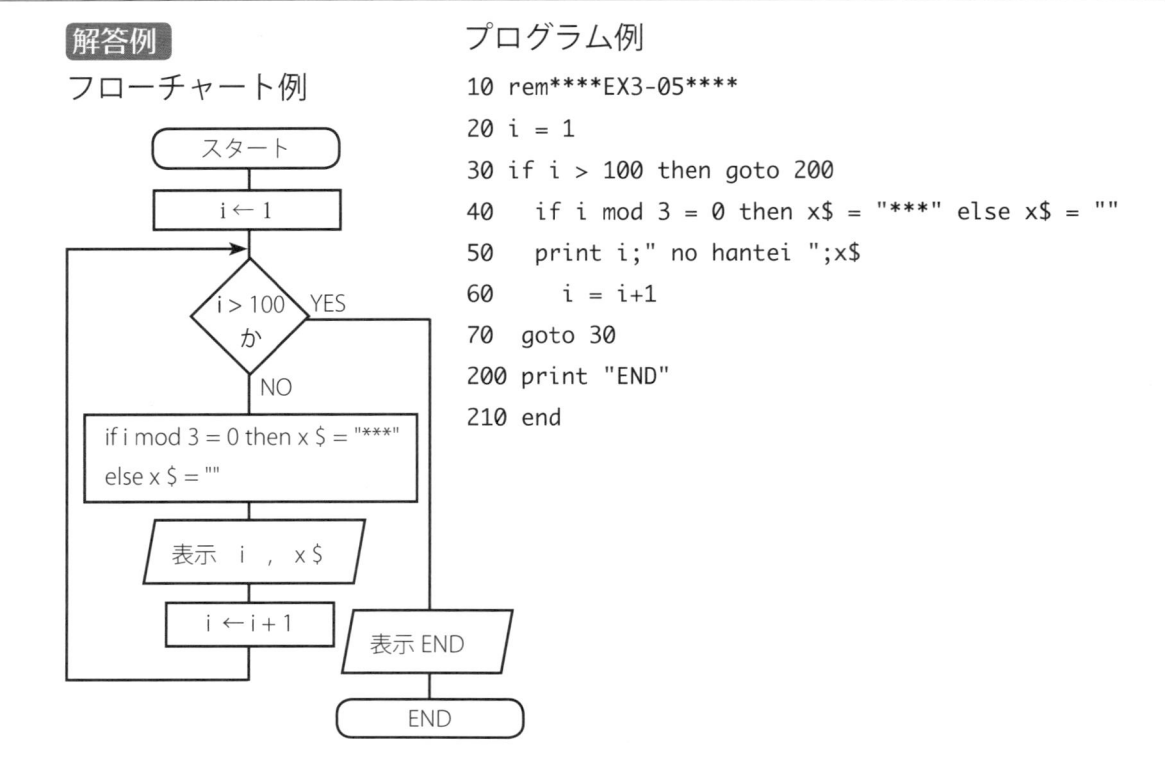

```
10 rem****EX3-05****
20 i = 1
30 if i > 100 then goto 200
40   if i mod 3 = 0 then x$ = "***" else x$ = ""
50   print i;" no hantei ";x$
60     i = i+1
70   goto 30
200 print "END"
210 end
```

ループの定石は、基本として履修しておきましょう。

次に、上記のループの定石を踏まえて、FOR-NEXT 型のループを練習します。

FOR-NEXT の命令文とフローチャートは以下の通りです。

FOR ～ NEXT 文は、

> FOR　変数＝初期値　TO　終値　（STEP　増分）　....　NEXT　変数
>
> ※括弧内の STEP 文は省略できます。省略時は +1 が自動的に加算されます。

が仕様です。

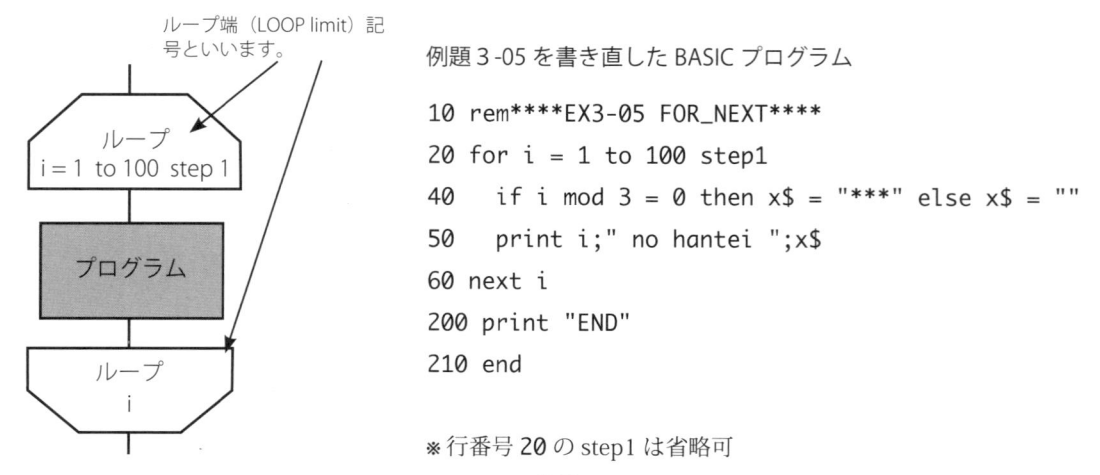

例題 3-05 を書き直した BASIC プログラム

```
10 rem****EX3-05 FOR_NEXT****
20 for i = 1 to 100 step1
40   if i mod 3 = 0 then x$ = "***" else x$ = ""
50   print i;" no hantei ";x$
60 next i
200 print "END"
210 end
```

※行番号 20 の step1 は省略可

┌─ 例題 3 -06　三角関数を使った計算 Calc と BASIC ─

　角度を 0°からスタートし 360°までを 5°ずつ増加させて sin と cos の値を
表示するプログラムを完成させなさい。

└──────────────

解説と解答例

カルクソフトを使った例

　A 列の角度作成は省略しました。

　B 列のラジアン変換は、B2 に　= A2 * PI ( ) / 180　を入れフィルします。

　C 列は正弦 sin は、C2 に　= SIN (B2)　を入力し、D 列の余弦 cos は、D2 に　COS (B2)　を入力してフィルします。

5°づつ増加に伴う正弦と余弦表

	A	B	C	D
1	角度	ラジアン変換	sin	cos
2	0	0.000	0.000	1.000
3	5	0.087	0.087	0.996
4	10	0.175	0.174	0.985
5	15	0.262	0.259	0.966
6	20	0.349	0.342	0.940
7	25	0.436	0.423	0.906
8	30	0.524	0.500	0.866
9	35	0.611	0.574	0.819
10	40	0.698	0.643	0.766
11	45	0.785	0.707	0.707
12	50	0.873	0.766	0.643
13	55	0.960	0.819	0.574
14	60	1.047	0.866	0.500
15	65		-0.423	0.906
70	340	5.934	-0.342	0.940
71	345	6.021	-0.259	0.966
72	350	6.109	-0.174	0.985
73	355	6.196	-0.087	0.996
74	360	6.283	0.000	1.000

　完成したら、カルクソフトのグラフ（チャートともいいます）機能を使って正弦・余弦グラフを作成してみましょう。

　チャートを使うと、美しい波形を見ることができます。

　また、90°のずれが正弦と余弦とを分けていることもグラフからわかります。

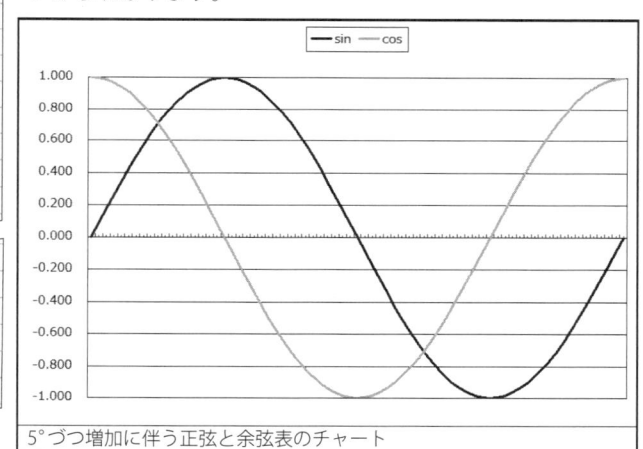

5°づつ増加に伴う正弦と余弦表のチャート

例題 3 -06 BASIC プログラム例

```
10   rem****EX03-06 FOR NEXT****
20      def  fnf(x) = x * pi / 180
30   for r = 0    to 360    step    5
40      sinx = round( sin( fnf ( r ) ) , 3 )
50      cosx = round( cos( fnf ( r ) ) , 3 )
60      print  r ; round( fnf ( r ) , 3 ) ;"  "; sinx ;"   "; cosx
70   next    r
80   end
```

ループ構造　開始と初期値設定

ループ構造　折り返し

【組み込み関数（ユーザー定義関数）の解説】

プログラムの初期設定で、行番号 20 のように定義します。

DEF FN 関数名（　引数 1, 引数 2, 引数 3, 引数 4 ....）

関数 F は、変数 X の値を使って X*pi/180 を計算し、その結果を FNF(X) として格納しなさい。

それが　DEF FNF(X) = X*pi/180　という式になります。行番号 40 と 50 は FNF(X) をコールして計算させた結果を呼び出（return）し、結果を変数 sinx と cosx に格納しています。

【実行結果と四捨五入関数 round の説明】

FOR 〜 NEXT 構造によるループは、他言語でも採用されています。行番号を使わない言語では、特に GOTO によるジャンプではなくて、ブロックごとに処理する構造化という方法を使います。FOR 〜 NEXT 構造によるループは、構造化プログラミングを代表する命令です。

```
    実行結果
0 0 0 1
5 0.087  0.087  0.996
10 0.175  0.174  0.985
15 0.262  0.259  0.966
20 0.349  0.342  0.94
25 0.436  0.423  0.906
30 0.524  0.5  0.866
35 0.611  0.574  0.819
40 0.698  0.643  0.766
45 0.785  0.707  0.707
50 0.873  0.766  0.643
55 0.96  0.819  0.574
60 1.047  0.866  0.5
65 1.134  0.906  0.423
70 1.222  0.94  0.342
75 1.309  0.966  0.259
80 1.396  0.985  0.174
85 1.484  0.996  0.087
90 1.571  1  0
95 1.658  0.996  -0.087
100 1.745  0.985  -0.174
105 1.833  0.966  -0.259
110 1.92  0.94  -0.342
115 2.007  0.906  -0.423
120 2.094  0.866  -0.5
125 2.182  0.819  -0.574
130 2.269  0.766  -0.643
135 2.356  0.707  -0.707
140 2.443  0.643  -0.766
145 2.531  0.574  -0.819
150 2.618  0.5  -0.866
155 2.705  0.423  -0.906
160 2.793  0.342  -0.94
```

この節の以後の例題や練習では、何度も出てくるので完全にマスターしておきましょう。そのためには、できるだけたくさんの課題をこなすことです。

次に、このプログラムに新しく登場した、round 関数の使い方を解説します。

格納されている値が実数の場合、切り捨て、切り上げ、四捨五入という操作が考えられます。

カルクソフトの場合は、小数点以下の表示文字を制限して揃えることができますが、BASIC 言語はそうはいきません。

小数点以下の制限をしないで print 命令だけに頼ると、有効桁数 8 桁まで表示してしまうことになり、わかりずらいというご批判を乞うことになります。カルクソフトのように整然と升目を使った表示はできませんが、せめて小数点以下の表示を制限して見やすくするときには、round 関数が有効です。

round 関数

変数 X に実数が格納され小数点第 3 位を四捨五入して第 2 位までを表示するためには、

＝ ROUND（X , 2）　と書きます。

■ X に 123.456 が格納され、ROUND（X , 2）　の結果は、123.46 になります。

変数 A2 に実数が格納され、整数第 1 位を四捨五入する場合は、-1 とします。

■ A2 に 9876.3 が格納され、ROUND（A2 , -1）　の結果は、9880 です。

BASIC には、FOR-NEXT や GOTO のような命令文と、括弧を伴う関数命令があります。関数命令には、ユーザー（プログラマ）が定義して使う組み込み関数と、BASIC 言語にあらかじめ備え付けられている関数の 2 つがあります。

文の先頭が行番号で始まる場合の文章をプログラムといい、行番号を付けずにプログラムを実行したり、直したりする命令文を、コマンドと呼びます。

例題 3 -07　重ループ BASIC

　二つのサイコロを同時に投げた時に、目の和が6の倍数になる場合の組み合わせをすべて書き出すプログラムを書きなさい。

解説と解答例

例題 3 -07 フローチャート例

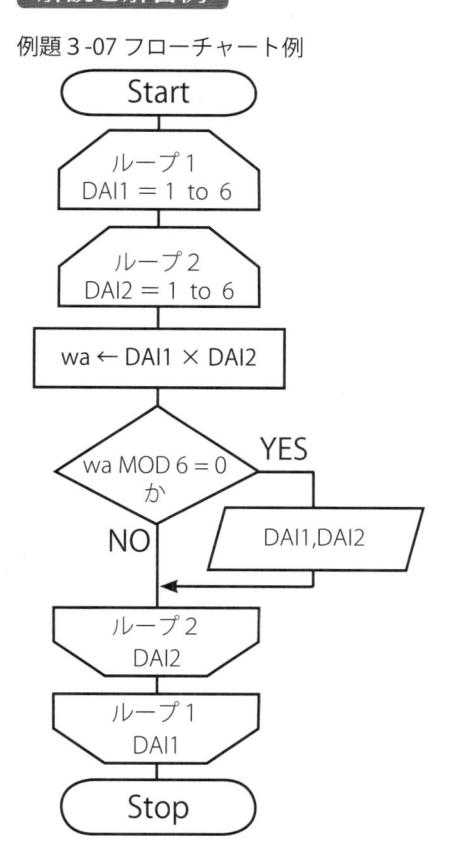

　ループの中にループを持つような例の練習です。ループの終わりを示す終端に注意しましょう。

　6の倍数を、6で割って余りが0と解釈します。以前に行った余りを算出練習の MOD を使います。

　　　MOD の例　　A = 11 MOD　6　は A に5が格納されます。

　2つのサイコロを同時に振ることをイメージせず、1つのサイコロの目を DAI1 とし、2つ目のサイコロの目を DAI2 として、DAI1 のループの中に DAI2 のループを作って完成します。

例題 3 -07 BASIC プログラム例

```
10 rem*****EX03-06  DAI****
20  FOR  DAI1 = 1  to 6
30    FOR  DAI2 = 1  to 6
40      wa = DAI1 * DAI2
50    if wa mod 6 = 0 then print "ANS (";DAI1;" , ";DAI2;" )"
60    next dai2
70  next dai1
80 end
```

　二重ループのように、組み合わせをパソコンにさせるためには、カルクソフトよりも BASIC のような言語を用いて算出するほうが合理的です。

　二重ループばかりでなく、三重以上のループも同じパターンを使って解くことができます。

　上記のプログラムの記述方法にも、注意を払ってください。

　スペースキーを使って、ループごとのヘッドを合わせています。

　ヘッドを合わせると、ループを制御する行と処理の行とが明確になります。

　また、ループの限界値に達しなくても、何らかの理由でループを抜け出すときは、exit for を使います。ただし、exit for という命令文を持たない BASIC 言語もあるので、言語のスペックを確認して利用する必要があります。

【例題 3-07 の実行例】
```
ANS ( 1 , 6 )
ANS ( 2 , 3 )
ANS ( 2 , 6 )
ANS ( 3 , 2 )
ANS ( 3 , 4 )
ANS ( 3 , 6 )
ANS ( 4 , 3 )
ANS ( 4 , 6 )
ANS ( 5 , 6 )
ANS ( 6 , 1 )
ANS ( 6 , 2 )
ANS ( 6 , 3 )
ANS ( 6 , 4 )
ANS ( 6 , 5 )
ANS ( 6 , 6 )
OK
```

　ループの最後は、データ数が不明な時の While 型ループの練習です。

　データベース言語などのようにレコードやファイルを扱って何らかの処理をする場合、While 構造のループを使います。また、データベース言語の中には、While 型以外にループ命令を持ち合わせていないものもあります。

　BASIC や FORTRAN を使う数値計算では、ある領域に達するのはいつか、というような繰り返し処理を積み上げた結果、範囲外となる場合の回数や時間計算に用いられ、収束と発散という分野やシミュレーションという手法に使われます。

　また、While 型ループで注意しなくてはならないことがあります。それは、FOR ～ NEXT 構造と比較すると、無限ループになりやすい、という欠点を持っているということです。

while ～ wend を示すフローチャート例

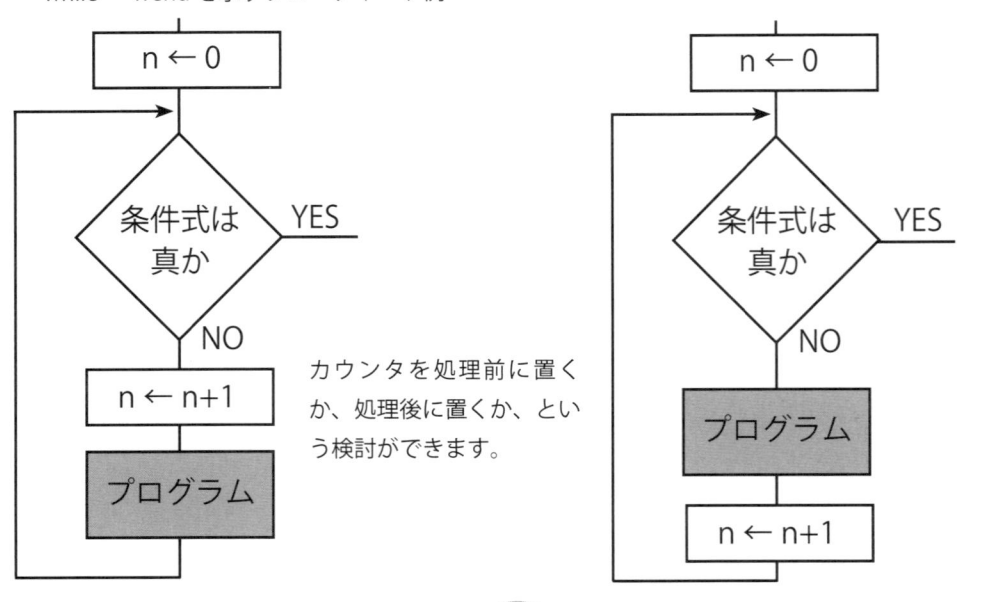

カウンタを処理前に置くか、処理後に置くか、という検討ができます。

┌─ 例題 3 -08　while ループ BASIC ─────────

　　n を自然数とします。n=1 のときは 1/1、n=2 のときは 1+1/2、n=3 の
　ときは、1+1/2+1/3 というように加算して、総和が 3 の値を超える n の
　数を求めなさい。

【解説】

　n を自然数として 1/n を順に加算する（調和級数）ので、筆算と電卓を使って計算してみます。

n=1　1/1 = 1

n=2　1+ 1/2 = 1 + 0.5 = 1.5

n=3　1+ 1/2 + 1/3 = 1.5+0.333 = 1.8333

n=4　1+ 1/2 + 1/3 + 1/4 = 1.8333 + 0.25 =2.08333

n=5　1+ 1/2 + 1/3 + 1/4 + 1/5 = 2.08333+ 0.2 =2.2833

n の値が増大すれば、和も増大するので、確実に 3 の値を越える n があるだろうことは推測できます。

【解答例】

例題 3 -08 フローチャート例

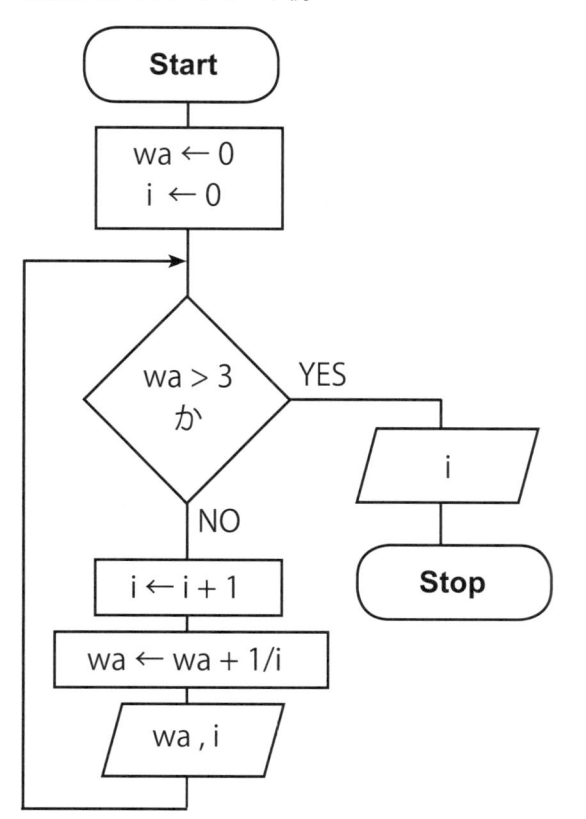

例題 3 -08 BASIC プログラム例

```
10 rem***EX03-08_While*****
20 wa = 0
30 i = 0
40   while s < 3
50     i = i + 1
60     wa = wa + 1/i
70     print wa,i
80 wend
90 print i
100 end
```

【実行例】
>RUN

1	1
1.5	2
1.833333	3
2.083333	4
2.283333	5
2.45	6
2.592857	7
2.717857	8
2.828968	9
2.928968	10
3.019877	11
11	

一般に、while ～ wend を利用する場合のカウントは、0 からスタートします。つまり、while ～ wend を使うと、条件が合わず 1 度も処理しないことを考慮することができます。そのためには、カウンター i に 0 を格納してからループし、ループ内の処理に入ったらカウントするように作ることができます。

wa のクリアは、初期値に 0 を格納するところから始めます。

wa + 加算する値　を計算してから wa に格納する、というカウントの順番と同じです。

while ～ wend 内での割り込み脱出する命令は、exit while です。

　配列は、数学では行列といいます。英語では、Matrix または Array です。配列は、数学の中でも統計・推計用語で配置ともいいます。

　変数 A は、1つの値を格納できます。

　変数 $A は、1つの文字列を格納することができます。

　変数を DIM A(100) と宣言すれば、同じ変数名 A は A(1)、A(2)・・・から A(100) まで百個の変数を作ることができます。同様に DIM ＄A(100) は、$A(1)、$A(2)・・・から $A(100) までの文字列が入る変数を作ることになります。

　DIM は配列宣言を意味し、DIM A(100) , B(50) のように複数の変数を配列として利用するように宣言ができます。DIM は、Dimension の略で、日本語では「寸法 , 大きさ」を意味し、例えば COBOL 言語では、Dimension ではなくテーブルといいます。

　配列宣言した A(1) から A(n) のような（ ）内には数値または数値が格納されている変数が入ります。（ ）内に入る数値または数値変数を、添え字（そえじ）suffix（サーフィックス）といいます。

　プログラムとして、例えば、

```
10  DIM A(100)
20  A(1)=  5 * 5
30  A(2)= A(1) + 5
```

のような場合、A(1) には 25 が、A(2) には 30 が格納されます。

　配列の理解を深めるために、例題で練習してみましょう。

例題 3-09　read 命令と配列

　DATA に 10 個の整数が書かれている。これを read 命令を使って順に読み込み、読み込んだ逆の順で表示するプログラムを書きなさい。

10 個の整数

添え字	1	2	3	4	5	6	7	8	9	10
変数BOX	BOX(1)	BOX(2)	BOX(3)	BOX(4)	BOX(5)	BOX(6)	BOX(7)	BOX(8)	BOX(9)	BOX(10)
data	100	58	94	65	45	50	37	82	66	62

解答例

【実行結果】

```
10 rem****EX03-09  read_DIM*********
20 data 100 , 58 , 94 , 65 , 45 , 50 , 37, 82 , 66
, 62
30  DIM BOX(10)
40 for i=1 to 10
50     read BOX ( i )
60 next i
70 rem***print out****
80    for i=10 to 1 step -1
90      print  i ;  BOX ( i )
100  next i
101 end
```

10	62
9	66
8	82
7	37
6	50
5	45
4	65
3	94
2	58
1	100

　配列の中でも1元とか1次元といいます。1次元の表のイメージは、横1行でもいいですし、縦1列でもいいです。

　1元が理解できたら、2元に挑戦します。

　宣言方法は、同じく、DIM A(10,10) のように添え字をカンマで並べると、次元を増やすことを意味します。DIM A(10,10) は、A(1,1) から A(2,1)・・・A(10,10) の100個数の変数が生成されていることを意味します。

　2元以上になると、添え字の使い方や配列のイメージによって、使い方が違ってきます。

　数学的には、行列の添え字は　列（column）　行（row）　の順に書きます。

	1	2	3	4	5
1	BOX(1,1)	BOX(1,2)	BOX(1,3)	BOX(1,4)	BOX(1,5)
2	BOX(2,1)	BOX(2,2)	BOX(2,3)	BOX(2,4)	BOX(2,5)
1	BOX(1,1)	BOX(2,1)	BOX(3,1)	BOX(4,1)	BOX(5,1)
2	BOX(1,2)	BOX(2,2)	BOX(3,2)	BOX(4,2)	BOX(5,2)

┌─ 例題 3 -10　2 元配列 ──────────────────────

　　例題 3 -09 の DATA を使って、2 行 5 列の 2 元配列に呼び込み、2 列 5
行に書き出すプログラムを作成しなさい。

└───

解答例

```
10 rem****EX03-10*********
20 data  100 , 58 , 94 , 65 , 45 , 50 , 37, 82 , 66 , 62
30 DIM  TABLE( 5 , 2 )
40  for  n = 1  to  5
50    for  m = 1  to  2
60      read  table( n , m )
70    next  m
80  next  n
90 rem*****print out*********
100    for  k = 1  to  5
110    print "T(1,";k;")=";table(k,1);"  T(2,";k;")=";table(k,2)
120    next  k
130 end
```

【実行結果】

```
T( 1, 1)= 100  T( 2, 1)= 58
T( 1, 2)= 94  T( 2, 2)= 65
T( 1, 3)= 45  T( 2, 3)= 50
T( 1, 4)= 37  T( 2, 4)= 82
T( 1, 5)= 66  T( 2, 5)= 62
OK
```

─ 例題 3 -11 魔方陣 ─

　下記の表は 1 から 9 までの数を 3(行)×3(列) ならべた魔方陣である。対角状も行、列のどこを足しても 15 になる。

　以下の手順に従い、5(行)×5(列) つまり 1 から 25 までの数を使って対角状も行、列のどこを足しても同じになるような配列を作り表示するプログラムを作りなさい。

8	1	6
3	5	7
4	9	2

＜手順＞

　一辺が奇数個のセルの場合、1 番上の列の中央に 1 を配置し、2 以降を下記の要領で配置すると魔方陣となる。

①次のセルを元のセルの右上とする。

②1 番上の行から飛び出す場合は、1 番下の行に進める。

③1 番右の列から飛び出す場合は、1 番左の列に進める。

④進めたセルにすでに数字が配置されている場合は、元のセルの 1 つ下に進める。

①〜④を繰り返す。

解説

　一般に魔方陣は、一辺のセルの個数が奇数である魔方陣の和は $(n^3 + n) / 2$ で求まる。1 から 9 までの 3×3 の場合、$(3^3+3)/2=15$ となります。5×5 ですから、65 になる魔方陣になります。

　手順を説明します。

　1 番上の列の中央に 1 を配置し ....」とあるので、下の図のように 1 行目の中央に 1 を書きます。

　次の 2 は、①から右上になりますが、枠から飛び出す場合の②に該当します。1 番下の行に 2 を入れます。

　書き終わったら、3 を生成して①をします。

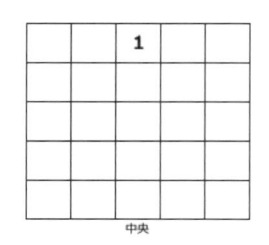

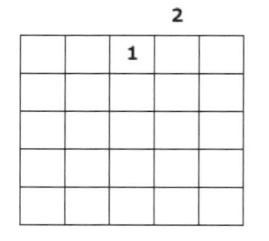

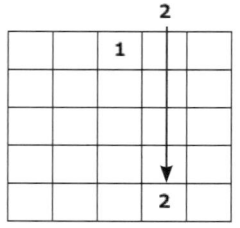

3を生成して①に習い右上に書くことができます。

4も同様に右上に書きますが、今度は右の列から飛び出しました。その場合は③に該当するので、一番左の列に4を書きます。

5は①に従って書くことはできますが、6は1が邪魔して書けません。

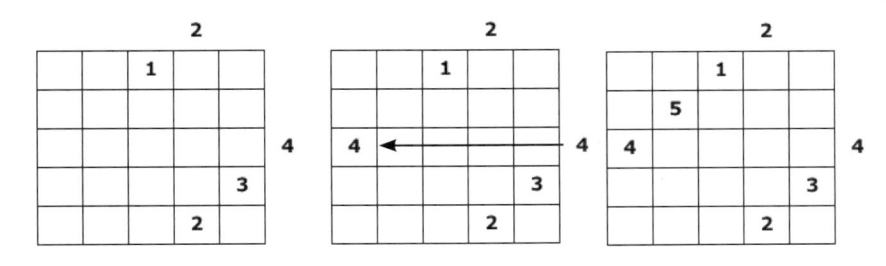

6は④に該当するので、「元のセルの1つ下に進める。」つまり、5を書いたセルの1つ下に6を書きます。7と8までは①に従い順調に書くことができます。

9は枠を飛び出すので②に該当します。1番下の行に9を入れます。

10は①に従って書くと、枠から飛び出すので・・・・.

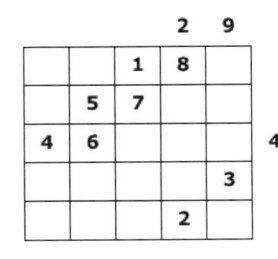 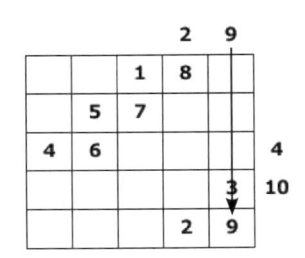

なぜ、この手順で魔方陣が完成するのかは、筆者自身はわかりません。また、奇数の魔方陣はわかっていますが、偶数の魔方陣は確立されていないようです。

プログラミングに携わっていると、原理はわからないけど、手順さえ間違わなければ解に導かれることを多く経験します。球体の体積を出すときの4/3という係数、シンプソンの公式に出てくる1/3などです。

ここでは、原理は証明できないけれど、添字の手順さえ間違わなければ解に行き着くという魔方陣を練習しましょう。

解答例

```
1 rem******EX-3-11 magic square***********
100    n = 5
200    dim a(n,n)
300    for   r = 1   to   n
400      for   c = 1  to n
500         a( r , c ) = 0
600      next   c
700     next   r
800     r = 1
900     c = (n+1) / 2
1000     for  s = 1 to  n*n
1100        a(r , c) = s
1200        r2 = r-1
1300        c2 = c+1
1400        if  1 > r2  then  r2 = n
1500        if   n < c2 then c2 = 1
1600        if   0 <> a(r2 , c2) then r2 = r+1 : c2 = c
1700         r = r2
1800         c = c2
1900     next  s
2000     for  r = 1 to n
2100       for  c = 1 to n
2200          print  a( r , c ) ;
2300       next c
2400          print
2500     next r
3000  end
>run
17 24 1 8 15
23 5 7 14 16
4 6 13 20 22
10 12 19 21 3
11 18 25 2 9
```

行番号 100 の変数 n の値に奇数値を与えたなら際限なく計算するようにプログラムされています。

行番号 200 は配列宣言です。

行番号 300 から 700 は、2重ループを使って配列内の値をクリアしています。

行番号 1600 の if 文の then の後の数式に：があります。これをマルチステートメントといいます。then 以降の文に複数の命令を書くときに用います。

　アナログをデジタル化することは、自然現象を観察可能な状態に置き換えることを意味し、具体的には可視化することであり、量化することでもあります。これを操作的定義といいます。操作的定義は、現象や事象を科学としてとらえるための第一歩です。

　さらに、科学は量化したものを解析して、仮説を検証する必要があります。量化したものを解析するためには、統計学的に大量データを統計分析するか、もしくは数値計算法にのっとってモデル化することで証明することができます。

　数値計算法のもともとの目的は、上記のように操作的定義されたデータの解析でしたが、それ以上に科学教育に役立つことが、最近になってわかってきました。

　本編に掲載した例題は、数値計算法の中でも基礎的な数学的課題ばかりです。

　正確に予測すること、モデル化すること、算出することの合理的なプログラムを学びましょう。

例題 3 -12　素数算出

　1 より大きく 1 とそれ自身との他に約数を持たない数を素数という。

　2 は素数である。2 から初めて 30 番目の素数を算出し表示しなさい。また、算出した素数を 30 番目から降順に 2 までの素数を並べなさい。

　ヒントとして 31 番目の素数は 127 である。

解説

　素数を算出するアルゴリズムはいくつかの方法があって、順に約数で割ってあまりのでるのが素数であるという判断と「エラトステネス (Eratosthenes) のふるい」による方法が有名です。

　問題文では、31 番目の素数は 127 だというのですから調べる自然数は 127 まででいいことになります。

エラトステネス (Eratosthenes) のふるいをまとめると、

① 2 は素数とわかっている。

② 2 以外の偶数は素数ではない。2 で割り切れます。つまり、奇数の中に素数があります。

③ 約数はその数の平方根の値が最大です。501 のルートは、$\sqrt{501} = 22.383$

つまり、22 以下の数で割り切れるか調べさえすればいいのです（ここがエラトステネスの天才性を証明するところです）。

④ プログラムでの無駄があっても算出できたなら正解とします。

⑤ こうして見つかった素数を次々に配列に格納します。

⑥ 30 個目を算出したところでループを中止し降順に出力します。

以上のことを受けて、プログラミングできるアルゴリズムに書き換えます。

【素数を算出するアルゴリズム】

1.　2 は素数。即、格納。

2. 奇数 3 の平方根の整数は 1。割る数がないので素数。格納。

3. 奇数 5 の平方根の整数は 1。割る数がないので素数。格納。

4. 奇数 7 の平方根の整数は 2。2 で割ると余りが出るので素数。格納。

5. 奇数 9 の平方根の整数は 3。2 で割ると余りが出るので素数候補。3 で割ると余りがないので素数ではない。

6. 奇数 11 の平方根の整数は 3。2 で割ると余りが出るので素数候補。3 で割ると余りが出るので素数。格納。

7. 奇数 13 の平方根の整数は 3。2 で割ると余りが出るので素数候補。3 で割ると余りが出るので素数。格納。

8. 奇数 15 の平方根の整数は 3。2 で割ると余りが出るので素数候補。3 で割ると余りがないので素数ではない。

9. 奇数 17 の平方根の整数は 4。2 で割ると余りが出るので素数候補。3 で割ると余りが出るので素数候補。4 で割ると余りが出るので素数。格納。
　同様に続けて 127 まで調べる。

●単純に素数だけを算出し表示するだけなら配列を使う必要はありません。

●1 度算出した素数の束をふたたび再利用 (降順：数値が大きい順) するような場合に配列を使います。

解答例

```
100 rem***EX-03-12   ERATOSTHENES****
200 dim a(30)
300 a(1) = 2
310   j = 2
400 for n = 3 to 127 step 2
450   if j > 30 then goto 2000
500   m = int(sqr(n))
600   for k = 2 to m
700    if 0 = (n mod k) then goto 1000
800   next k
900   a(j) = n
990   j = j+1
1000  next n
2000 for n = 30 to 1 step -1
2100   print a(n);
2200 next n
2300 print
2400 end
>run
113 109 107 103 101 97 89 83 79 73 71 67 61 59 53 47 43 41 37 31 29 23 19 17
13 11 7 5 3 2
```

行番号 200 は変数 a を配列宣言し、30 個つくります。

行番号 300 は、2 は素数だとわかっているので配列の i 番目に 2 を代入。

添え字 j は配列 30 個の管理をします。1 番目はわかっているので 2 番目以降が必要なのですから行番号 310 で 2 番目以降であることを操作しています。行番号 450 で 30 個数以上になったなら行番号 2000 つまり表示用のプログラムに移るよう命令しています。カウントは行番号 990 で行なっています。

行番号 400 のループは自然数 n を発生させます。しかし奇数でいいので 3 から初めて 2 ずつ加算させればいいのです。

行番号 500 は、前ページの説明のように数値の平方根をとって整数値にし、それを変数 M に代入しています。つまり、割る数の最大値を計算しています。

行番号 600 ～ 800 はアルゴリズムにのっとって順に割り算をして余りを計算しています。余りが 0 ならただちに n をカウントさせて次の自然数を発生させます。

みごと余りを持っていた数値は行番号 900 でいったん配列に格納します。行番号 1000 は新しい自然数を発生させて、行番号 400 へジャンプします。

例題3-13　ニュートン法

$\sqrt{3}$ の値を、ニュートン法で解きなさい。

解説

　ニュートン法は、ニュートン・ラプソン法とも言います。二人が同じ時期に発見し、同時に発表されたので、そう呼ばれています。

　プログラミングの中でも、よく利用される方法です。

　ニュートン法は、方程式の微分と漸化式、収束ということがわかっていなければ、プログラムを理解することはできません。

　中学校の数学の知識として、「曲線上の任意の点を通過する直線は、1本だけである。」ということを理解しておく必要があります。反対に、曲線上に任意の点を見つけたなら、その点を通過する直線は1本しかないので、その直線とx軸との交点を見つけることができる、というところまでがニュートン法のキモになります。

　一方、直線は、y = ax +b で描くことができて、a はその直線の傾きを示す、と習ったはずです。

　曲線と直線が接する点は1個しかないので、接する点から傾き a が算出できれば、直線を描くことができます。

　曲線に接する直線の傾きは、微分すると算出できます。

　この原理を使うことで、ルートの値を求めることができます。

　図で説明しましょう。

曲線に接する直線の接点は、1つしかない、という図

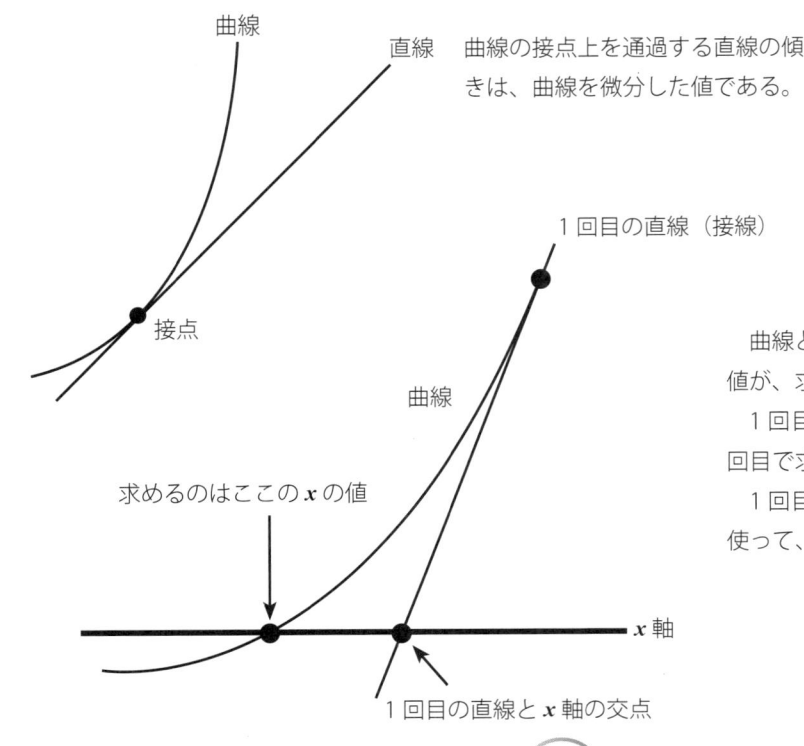

曲線の接点上を通過する直線の傾きは、曲線を微分した値である。

曲線とx軸とが交差する点のxの値が、求めるべき値です。

1回目の接線とx軸との交点が1回目で求めた近似値です。

1回目のx軸との交点のxの値を使って、曲線との接線を求めます。

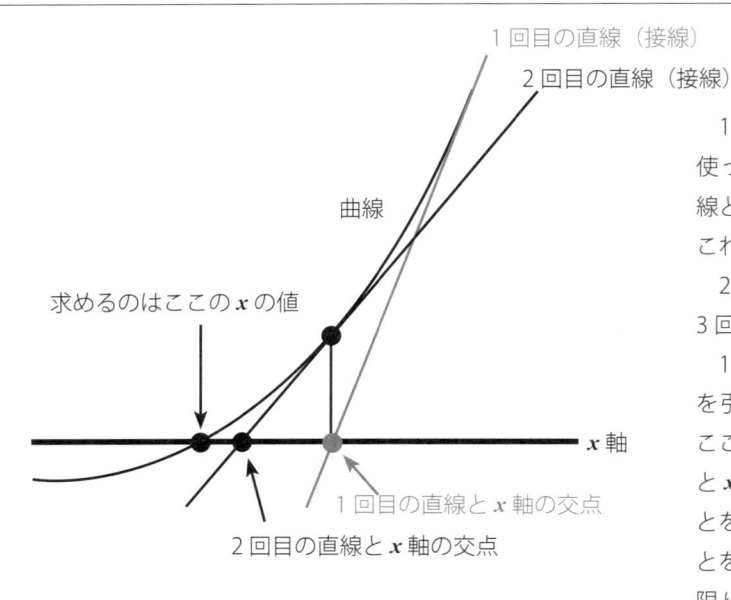

1回目の直線（接線）

2回目の直線（接線）

曲線

求めるのはここの x の値

x 軸

1回目の直線と x 軸の交点

2回目の直線と x 軸の交点

1回目の x 軸との交点の x の値を使って、曲線との接線を2回目の直線とすると、x 軸との交点ができます。これが2回目の近似値になります。

2回目の x 軸との交点の x の値から、3回目の接線を求めます。

1回目の x_1 の値と2回目の x_2 の値を引いて、0になれば、「求めるのはここの x の値」であるといえます。x_1 と x_2 との比較をして、0に近づくことを収束といい、逆に無限大になることを発散といいます。収束するときに、限りなく0になる0の値のことを暫定的な0として eps(epsilon: ε) 記号を使います。

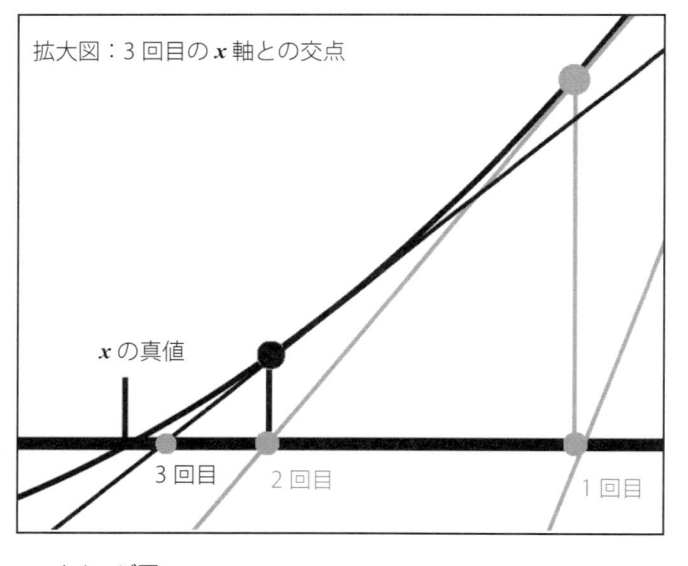

拡大図：3回目の x 軸との交点

x の真値

3回目　　2回目　　1回目

同様に、3回目の x 軸との交点の x の値を使って、曲線との接線を3回目の直線とすると、x 軸との交点ができます。これが3回目の近似値ですが、1回目、2回目と x 軸上を x の真の値に向かって収束していく様子がわかります。

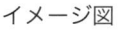

イメージ図

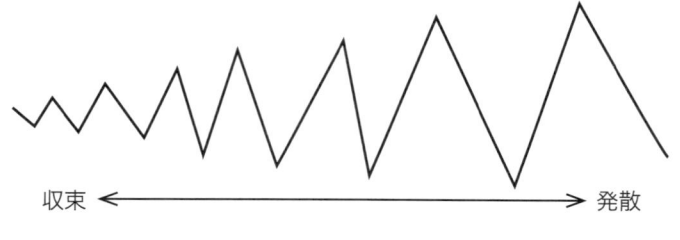

収束 ← → 発散

近似が1つの真の値に近づくことを収束(convergence)といいます。反対に無限値に変化することを発散(divergence)といいます。

このようすを、表計算ソフトを使ってトレースしてみます。

$\sqrt{3}$を導くための式は、$y = x^2 - 3$　を使って求めます。

yが0の時のxは、$0 = x^2 - 3$

$$x^2 = 3$$

$$x = \pm\sqrt{3} \quad x > 0 なので \sqrt{3}$$

$\sqrt{3}$　を算出するための2次の関数は、$y = x^2 - 3$　で求まります。

シートのB列にはxの値を書きます。最初のB3は、任意で値を入れる必要があります。練習では10をスタートとしました。

C列はyの値を書きます。D列はこの時のxの値に対する微分した値つまり接線の傾きを算出します。

E列は接線の式を書き、F列は接線のyの値が0の時のxの値を算出します。これを漸化式といいます。

	A	B	C	D	E	F
1	y=x^2 - 3	xの値	yの値	接線の傾きa	(x1,y1)を通過して傾きaの直線	漸化式
2	式	x	x^2 - 3	2*x	(y-y1)=a(x-x1)	y=0
3	x1	10	97	20	y=20(x-10)+97	5.15
4	x2	5.15	23.5225	10.3	y=10.3(x-5.15)+23.5225	2.8662621
5	x3	2.866262	5.215458632	5.732524	y=5.73252427184466(x-2.86	1.9564607
6	x4	1.956461	0.827738595	3.912921	y=3.9129214635538(x-1.956	1.7449209
7	x5	1.744921	0.044749084	3.489842	y=3.48984187829004(x-1.74	1.7320983
8	x6	1.732098	0.000164421	3.464197	y=3.46419654223908(x-1.73	1.7320508
9	x7	1.732051	2.25273E-09	3.464102	y=3.46410161643837(x-1.73	1.7320508
10	x8	1.732051	0	3.464102	y=3.46410161513775(x-1.73	1.7320508

【シートの計算式】

B3には10の値をB4は、=F3。B4からB10まで、下方向へフィル。

C3は、 = B3 ^ 2 - 3 または = B3 * B3 - 3。C3からC10まで下方向へフィル。

D2は、= B3 * 2。D2からD10まで下方向へフィル。

E2は、= "y=" & D3 & "(x-" & B3 & ")+" & C3 下方向へフィル。ただし、表示した式が長すぎるので、工夫が必要。

F2は、=B3 - (B3^2 - 3) / D3。F2からF10まで、下方向へフィル。

F8の値とF9、F10の値に変化がなく、収束していることがわかります。

　ここから先の漸化式の作り方と、上記の表の計算式との対応については割愛しました。

　漸化式は

$$x_{n+1} = x_n - \frac{f(x_n)}{f'(x_n)}$$

で書き表すことができます。

　これを BASIC に直すために、

$$x_2 = x_1 - \frac{f(x_1)}{f'(x_1)}$$

とし、F3 と F4 の減算をして、結果が限りなく 0 になれば、収束とみなし、ループを止めるということに注意して、BASIC に書き直します。

解答例

```
10   rem*****Newton-Raphson*****
100  def  fn f( x ) = x^2 - y
110  def  fn df( x ) = 2*x
120  eps = 1.000000E-07
140  input  "root:" , y
144   x1 = y
150   for  i = 1  to  20
155      x2 = x1- ( fn f( x1 ) / fn df( x1 ) )
160      print  i ; "times" ;  x1
170       if  abs( x2 - x1 ) <=  eps  then  goto 300  else  x1 = x2
180    next  i
300  print  "Newton method;" ; y ; " root:" ; x2
500    end
```

※実際には、フローチャート通りにプログラムしません。理由は、制御が弱いからです。x_1 と x_2 を比較して、いつまでも eps にならずループを繰り返した場合、無限ループとなってしまいます。

　そこで、ループを追加して、ループ回数が例えば 20 回になったなら、解なしとして制御します。

【例題3-13のフローチャート例】

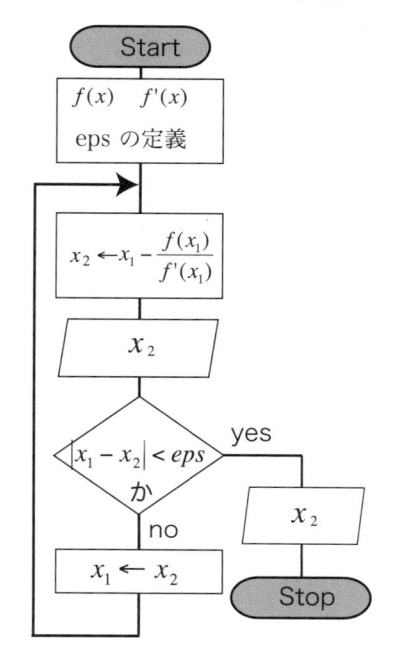

【実行結果】

```
>run
root:3
1 times3
2 times2
3 times1.75
4 times1.732143
5 times1.732051
Newton method;3   root:1.732051
>run
root:10
1 times10
2 times5.5
3 times3.659091
4 times3.196005
5 times3.162456
6 times3.162278
Newton method;10   root:3.162278
```

　ニュートン法を示す漸化式のフローチャートを理解したならば、2次以上の方程式の解を求めるプログラムが簡単にできます。ただし、漸化式の繰り返しによって、解が収束されるものでなくてはなりません。

　解が収束しない場合を考慮して、制御回数を決めて無限ループに陥らないようにするところがコツです。

　パソコンを使って、漸化式を解くいい方法は、いったん式を表計算ソフトで試みることです。表計算に直すことができない式を、BASIC や FORTRAN を使って解を求めることはできません。反対に、表計算ソフトでできることは、BASIC や FORTRAN でも再現ができます。

　実際に、一般的な方程式を使って解いてみましょう。

┌─ **例題 3-14　ニュートン法応用** ──────────

2次方程式　$2x^2 - 5x + 2 = 0$　について、ニュートン法を利用して解を求めるプログラムを作成しなさい。

　ただし、解は 0 から 1.2 の間に存在していることがわかっていることとする。

└──────────────────────────────────

解説

$2x^2 - 5x + 2 = 0$　を漸化式に変換します。漸化式は、　$x_{i+1} = x_i - \dfrac{f(x_i)}{f'(x_i)}$

$f(x) = 2x^2 - 5x + 2$　これを微分すると、$f'(x) = 4x - 5$　初期値 0 とすると、

$$
\begin{cases}
x_0 = 0 \\
x_{i+1} = x_i - \dfrac{2x_i^2 - 5x_i + 2}{4x_i - 5} \quad (i = 0, 1, 2, 3 \cdots)
\end{cases}
$$

解答例

```
10 rem *****Newton method2*****
20 def fnf(x)=2*x^2-5*x+2
30 def fndf(X) = 4*X-5
35 eps = 1.000000E-08
40 input "Newton method X",x
50  i = 1
60 x1 = x-(fn f(x)/fn df(x))
70 if abs(x-x1) < eps then goto 400 else x = x1
80 print x
90  i = i+1
100 if i > 20 then goto 400 else goto 60
200 print "kai=";x : goto 400
300 print "20times not found" : goto 400
400 end
```

```
>run
Newton method X0
0.4
0.494118
0.499977
0.5
>run
Newton method X1.2
-4.4
-1.624779
-0.285223
0.29919
0.478795
0.499708
0.5
0.5
```

　方程式が高次になると、組み立て除法のアルゴリズムと合わせながら解くこともできます。

　ニュートン法は、数値計算を使ったプログラムにはよく利用されます。

　ニュートン法と同じく、波形解析や河川の流量計算などに使われる数値計算は、求積です。求積の基本的なプログラムを履修しましょう。

例題 3 -15 区分求積法

曲線 $y = x^3 - 6x^2 + 8x + 4$ と x 軸および x = 1 , x = 4 で囲まれる図形の面積を、区分求積で求めよ。

解説

筆算による求積は、

定積分法で計算すると、

$y = f(x) = x^3 - 6x^2 + 8x + 4$

$$\int (x^3 - 6x^2 + 8x + 4)\, dx$$

不定積分の一つとすると、

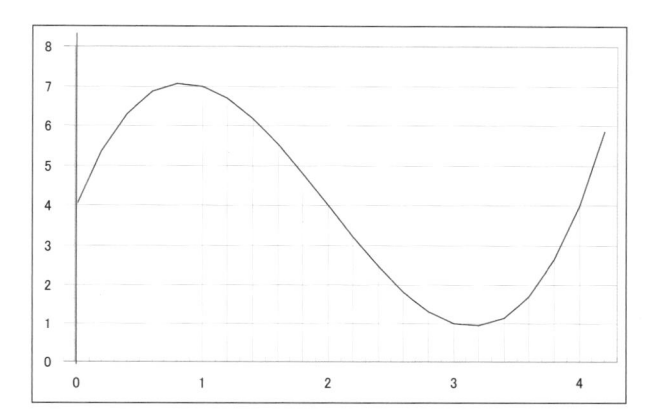

$$F(x) = \frac{x^4}{4} - \frac{6x^3}{3} + \frac{8x^2}{2} + 4x + C$$

$$= \frac{x^4}{4} - 2x^3 + 4x^2 + 4x + C$$

$$S = F(4) - F(1)$$

$$= \left(\frac{4^4}{4} - 2 \times 4^3 + 4 \times 4^2 + 16 + C\right) - \left(\frac{1}{4} - 2 + 4 + 4 + C\right)$$

$$= \frac{41}{4} = 10.25$$

このように、関数式がわかっていて、区分が明確であるなら、不定積分で面積を算出することができます。同じ例題を、BASIC プログラムによって解決する区分求積法で解説します。

下の図のように、一定の間隔で x 軸を横、y 軸を高さとなる長方形の集まりと見立てます。

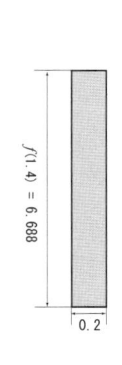

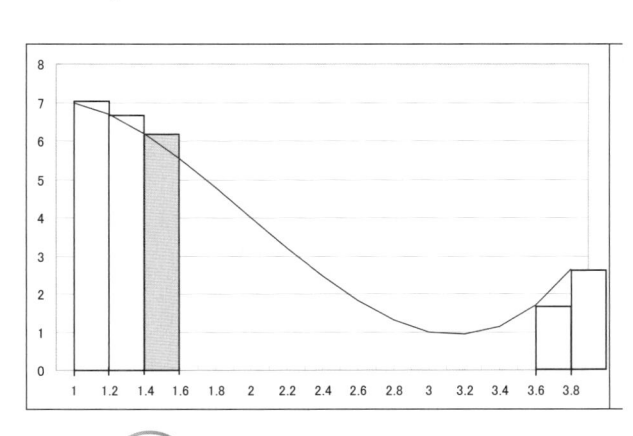

つまり、f (x) で求めることができる y の値を、長方形の縦とし、x を横として長方形の面積を求め、その和が、求める面積とします。上の図で説明すると、１から４までの区間を、0.2 で等分し、１からスタートして長方形を作ります。スタートを１としたので、次は、1.2 です。最後は、x は 3.8 がエンドになります。

もう一つの考え方は、４からスタートして、遡り、1.2 が最終の高さである、という方法です。表計算ソフトを使って、計算してみましょう。

C3 ▼ fx

	A	B	C	D	E	F	G	H
1				X^3	X^2	X^1	C	
2			x	1	-6	8	4	yの値
3								
4								
5								
6								

どこに何を書き込むか、わかるように、２行使って位置決めをします。

１行目は項を、２行目は係数の値を入れ、C 列は x の値を入力するセルとします。

C3 ▼ fx 1

	A	B	C	D	E	F	G	H
1				X^3	X^2	X^1	C	
2			x	1	-6	8	4	yの値
3			1					
4			1.2					
5								
6								

C3 に１を、C4 に 1.2 を入力し、二つのセルを選んで、フィルします。

C3 ▼ fx 1

	A	B	C	D	E	F	G	H
1				X^3	X^2	X^1	C	
2			x	1	-6	8	4	yの値
3			1					
4			1.2					
5			1.4					
6			1.6					
7			1.8					
8			2					
9			2.2					
10			2.4					
11			2.6					
12			2.8					
13			3					
14			3.2					
15			3.4					
16			3.6					
17			3.8					
18								

図のように x の値が、0.2 ずつ増加させ、3.8 で止めます。

※値が異なる２つのセルを選択し、フィルすると、２つの値の差の数列ができます。これを「連続データ」といい、シリーズともいいます。

※アップル社の Numbers'09 の場合のシリーズ「連続データ」の方法は、少し異なります。値が異なる二つのセルを選択するまでは同じですが、フィルするときは、セルの中央に現れ出るハンドルを使います。セル中央のハンドルを下方向にドラッグすると、他の表計算ソフトと同じく、連続データを実現します（本書第２章参照）。

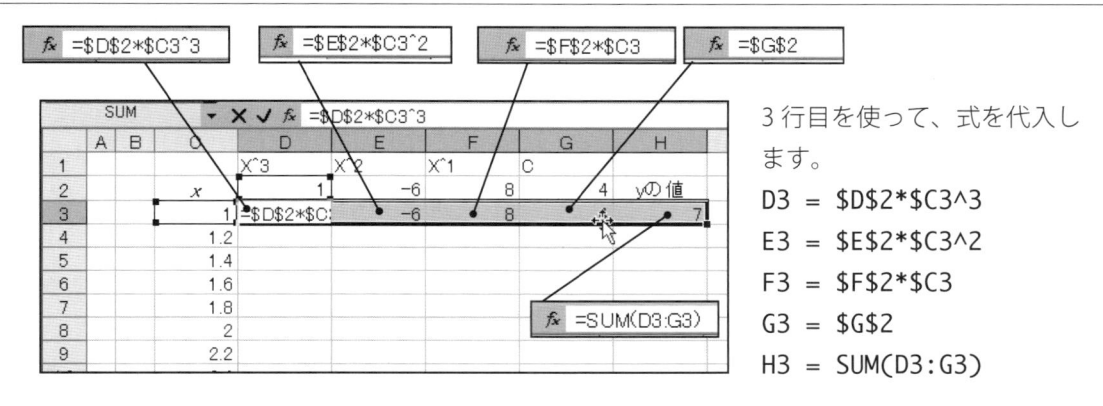

3行目を使って、式を代入します。

D3 = $D$2*$C3^3

E3 = $E$2*$C3^2

F3 = $F$2*$C3

G3 = $G$2

H3 = SUM(D3:G3)

フィルをするために、完成した行を選択します。

3.8を示す17行目までをドラッグして下方向にフィルします。

アップル社 Numbers'09 の場合は、セル中央に表出するハンドルをドラッグします。

	SUM	▼	✗ ✓ ƒx	=SUM(H3:H18)*0.2		

	A	B	C	D	E	F	G	H
1				X^3	X^2	X^1	C	
2			x	1	−6	8	4	yの値
3			1	1	−6	8	4	7
4			1.2	1.728	−8.64	9.6	4	6.688
5			1.4	2.744	−11.76	11.2	4	6.184
6			1.6	4.096	−15.36	12.8	4	5.536
7			1.8	5.832	−19.44	14.4	4	4.792
8			2	8	−24	16	4	4
9			2.2	10.648	−29.04	17.6	4	3.208
10			2.4	13.824	−34.56	19.2	4	2.464
11			2.6	17.576	−40.56	20.8	4	1.816
12			2.8	21.952	−47.04	22.4	4	1.312
13			3	27	−54	24	4	1
14			3.2	32.768	−61.44	25.6	4	0.928
15			3.4	39.304	−69.36	27.2	4	1.144
16			3.6	46.656	−77.76	28.8	4	1.696
17			3.8	54.872	−86.64	30.4	4	2.632
18								
19								=SUM(H3:H
20								

フィルが成功したら、yの値を合計して、高さである 0.2 をかけます。

H19 = SUM(H3:H18)*0.2

以上が、累計をするスタート点を 1 とし、終点を 3.8 とした場合の長方形と考えた求積でした。その合計は 10.08 ということになります。

今度は、スタートを 1.2 として終点 4 とする場合の曲線による累計を考えてみましょう。

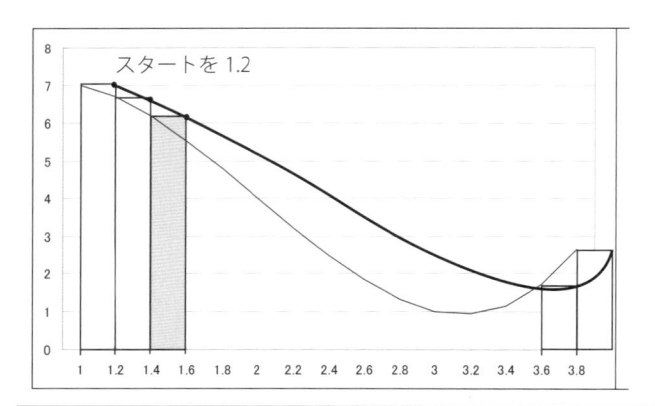

一度完成したシートを使って、スタートを 1.2、エンドを 4 として連続データを作り、結果を合計して比較することができます。

	C3	▼		ƒx	1.2		

	A	B	C	D	E	F	G	H
1				X^3	X^2	X^1	C	
2			x	1	−6	8	4	yの値
3			1.2	1.728	−8.64	9.6	4	6.688
4			1.4	2.744	−11.76	11.2	4	6.184
5			1.6	4.096	−15.36	12.8	4	5.536
6			1.8	5.832	−19.44	14.4	4	4.792
7			2	8	−24	16	4	4
8			2.2	10.648	−29.04	17.6	4	3.208
9			2.4	13.824	−34.56	19.2	4	2.464
10			2.6	17.576	−40.56	20.8	4	1.816
11			2.8	21.952	−47.04	22.4	4	1.312
12			3	27	−54	24	4	1
13			3.2	32.768	−61.44	25.6	4	0.928
14			3.4	39.304	−69.36	27.2	4	1.144
15			3.6	46.656	−77.76	28.8	4	1.696
16			3.8	54.872	−86.64	30.4	4	2.632
17			4	64	−96	32	4	4
18								
19								9.48
20								

長方形による求積は、曲線の精度に影響されることがわかります。

長方形を使うほかの例として、中点法もあります。

また、長方形ではなく、台形の面積の集まりと考える台形法もあります。

解答例

```
1 rem******quadrature by parts******
10 def fnf(X)= X^3 - 6*X^2 + 8*X + 4
20   input "(a,b)" ; a , b
30   input "n?" , n
40     h = abs( b - a ) / n
50     w = 0
60      for  k = 0  to  n-1
70              x = a+h*k
80              w = w+fn f(x)*h
90        next  k
100   print "S= " ; w
110 end
```

【実行結果】
```
>run
(a,b)1,4
n? 5
S= 10.92
>run
(a,b)1,4
n? 10
S= 10.2675
>run
(a,b)1,4
n? 25
S= 9.9408
>run
(a,b)1,4
n? 100
S= 9.795675
```

　波形を長方形と見立てる方法を区分求積といいますが、他にも長方形の中点をとる方法や、台形と見立てる方法などの方法があります。

　区分求積の方法の欠点は、区間の取り方によって、面積の値にばらつきが出てくるのに対して、下記のシンプソン法は、区間の取り方（分割数）を変えても、面積の値に大幅な違いがない、というのが特徴です。

例題 3 -16　シンプソン法

　曲線 $y = x^3 - 6x^2 + 8x + 4$ と x 軸および $x = 1$, $x = 4$ で囲まれる図形の面積を、シンプソン法で求めよ。

解説

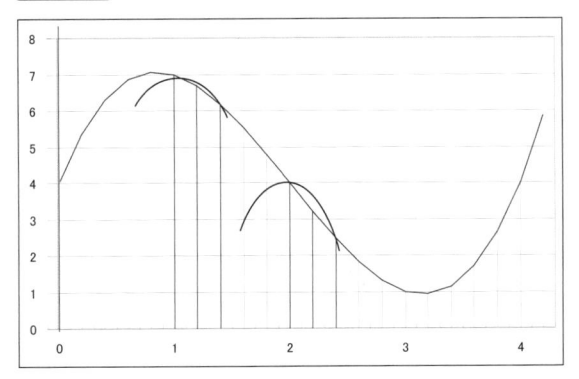

　シンプソン法は、図のように3点を通過する2次曲線を想定します。

　人の手で計算することを考えると、手間のようですが、2次曲線による面積の算出は、公式があるので、これにのっとって加算すればいいのです。

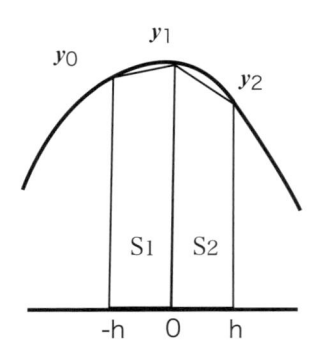

左の図の f (x) となっている曲線は極端な例ですがシンプソン法を説明するためのモデルです。例題の関数とは関係がありません。

シンプソン法はとにかく曲線に対して3点に点をとり、その3点によってできる2次曲線で近似しようとします。

このグラフの2次曲線を抽出して説明します。

左図のように、3点を通過する2次曲線を仮に、

$$y = p x^2 + q x + r \quad とします。$$

S_1 と S_2 からなる面積 S は、

$$S = \frac{h}{3}(y_0 + 4y_1 + y_2)$$

で求めることができます。

3点ずつとっていくので、区間における分割回数は偶数でなくてはなりません。

区間 [a , b] を 2n 等分する、と言い換えることができます。

ですから分割回数の入力は半分の数、（10分割したいなら5を入力するようにします。）を入力することにします。

区間 [a , b] を、 [x0 , x1] [x4 , x6] [x8 , x10]...[x2n-2 , x2n]...
とし、中点を、x1 , x3 , x5 .... x2n-3 , x2n とします。

それぞれの面積は、

$$\frac{h}{3}\{(y_0 + 4y_1 + y_2)+(y_2 + 4y_3 + y_4)+(y_4 + 4y_5 + y_6)+....+(y_{2n-2} + 4y_{2n-1} + y_{2n})\}$$

これをまとめると、

$$\frac{h}{3}\{y_0 + 4(y_1 + y_3 + y_5 +....+ y_{2n-1})+2(y_2 + y_4 + y_6 +....+ y_{2n-2})+ y_{2n}\}$$

最初 y_0 と最後 y_{2n} は、加算。奇数項は4倍に、偶数項は2倍にして和をとるようにプログラミングします。表計算ソフトで確認しましょう。

	B3	▼		*fx*	0			
	A	B	C	D	E	F	G	H	I
1				X^3	X^2	X^1	C		h=0.12
2			*x*	1	-6	8	4	yの値	0.12
3		0							
4		1							
5									
6									
7									
8									
9									
10									
11									
12									
13									
14									
15									

区分求積と同じく、上の2行を使って係数を入力します。

X が、1から4まで変化する区間を、25に分割し、これを高さとします。高さは、I2 に置きます（ (4-1)/25 = 0.12 ）。

B列は、偶数行目と奇数行目とに後で分けることになるので、目安としてナンバリングします。B3 に 0、B4 に 1 を入力し、フィルして 25 行目で、ストップします。

	C4		▼		fx	=C3+$I$2		
	A	B	C	D	E	F	G	H	I
1				X^3	X^2	X^1	C		h=0.12
2			x	1	−6	8	4	yの値	0.12
3		0	1						
4		1	1.12						
5		2							
6		3							
7		4							

23		20	
24		21	
25		22	
26		23	
27		24	
28		25	
29			
30			
31			

C3 に、1 を、C4 には、=C3+$I$2、とし、C4 を再度選んで、25 行目の C28 までフィルします。

	D3		▼		fx	=$D$2*$C3^3		
	A	B	C	D	E	F	G	H	I
1				X^3	X^2	X^1	C		h=0.12
2			x	1	−6	8	4	yの値	0.12
3		0	1	1					
4		1	1.12						
5		2	1.24						
6		3	1.36						
7		4	1.48						
8		5	1.6						
9		6	1.72						
10		7	1.84						
11		8	1.96						
12		9	2.08						
13		10	2.2						
14		11	2.32						
15		12	2.44						
16		13	2.56						
17		14	2.68						

D3 に式を入力します。式は、区間求積のときと同じく、=$D$2*$C3^3 で、H列まで、前例題通りに作成します。

	D3		▼		fx	=$D$2*$C3^3		
	A	B	C	D	E	F	G	H	I
1				X^3					
2			x						
3		0	1						
4		1	1.12	1.404928	−7.5264	8.96	4	6.838528	
5		2	1.24	1.906624	−9.2256	9.92	4	6.601024	
6		3	1.36	2.515456	−11.0976	10.88	4	6.297856	
7		4	1.48	3.241792	−13.1424	11.84	4		
8		5	1.6	4.096					
9						24.32	4	0.964864	
			3.16	31.5545	−59.9136	25.28	4	0.920896	
22		19	3.28	35.28755	−64.5504	26.24	4	0.977152	
23		20	3.4	39.304	−69.36	27.2	4	1.144	
24		21	3.52	43.61421	−74.3424	28.16	4	1.431808	
25		22	3.64	48.22854	−79.4976	29.12	4	1.850944	
26		23	3.76	53.15738	−84.8256	30.08	4	2.411776	
27		24	3.88	58.41107	−90.3264	31.04	4	3.124672	
28		25	4	64	−96	32	4	4	
29									
30									

ここまで、ほぼ、前例題通りに作成します。

H30 ▾ _fx_ =H3+H28

	A	B	C	D	E	F	G	H	I
1				X^3	X^2	X^1	C		h=0.12
2			_x_	1	-6	8	4	yの値	0.12
3		0	1	1	-6	8	4	7	
4		1	1.12	1.404928	-7.5264	8.96	4	6.838528	
5		2	1.24	1.906624	-9.2256	9.92	4	6.601...	
6		3	1.36	2.515456	-11.0976	24.32	4	0.964864	
7		4	...16	31.5545	-59.9136	25.28	4	0.920896	
22		19	3.28	35.28755	-64.5504	26.24	4	0.977152	
23		20	3.4	39.304	-69.36	27.2	4	1.144	
24		21	3.52	43.61421	-74.3424	28.16	4	1.431808	
25		22	3.64	48.22854	-79.4976	29.12	4	1.850944	
26		23	3.76	53.15738	-84.8256	30.08	4	2.411776	
27		24	3.88	58.41107	-90.3264	31.04	4	3.124672	
28		25	4	64	-96	32	4	4	
29									
30							simpson	11	
31									

> 最初 y0 と最後 y25 の値の和を取ります。
> H30 = H3 + H28

I4 ▾ _fx_ =H4

	A	B	C	D	E	F	G	H	I	J
1				X^3	X^2	X^1	C		h=0.12	
2			_x_	1	-6	8	4	yの値	0.12	
3		0	1	1	-6	8	4	7		
4		1	1.12	1.404928	-7.5264	8.96	4	6.838528	6.838528	
5		2	1.24	1.906624	-9.2256	9.92	4	6.601024		6.601024
6		3	1.36	2.515456	-11.0976	10.88	4	6.297856	6.297856	
7		4	1.48	3.241792	-13.1424	11.84	4	5.939392		5.939392
8		5	1.6	4.096	-15.36			5.596		
9		6	1.72	5.088448	-17.7504					
10		7	1.84	6.229504	-20.3136					
11		8	1.96	7.529536	-23.0496					
12		9	2.08	8.998912	-25.9584					
13		10	2.2	10.648	-29.04					
14		11	2.32	12.48717	-32.2944	18.56	4	2.752768	2.752768	
15		12	2.44	14.52678	-35.7216	19.52	4	2.325184		2.325184
16		13	2.56	16.77722	-39.3216	20.48	4	1.935616	1.935616	
17		14	2.68	19.24883	-43.0944	21.44	4	1.594432		1.594432
18		15	2.8	21.952	-47.04	22.4	4	1.312	1.312	
19		16	2.92	24.89709	-51.1584	23.36	4	1.098688		1.098688
20		17	3.04	28.09446	-55.4496	24.32	4	0.964864	0.964864	
21		18	3.16	31.5545	-59.9136	25.28	4	0.920896		0.920896
22		19	3.28	35.28755	-64.5504	26.24	4	0.977152	0.977152	
23		20	3.4	39.304	-69.36	27.2	4	1.144		1.144
24		21	3.52	43.61421	-74.3424	28.16	4	1.431808	1.431808	
25		22	3.64	48.22854	-79.4976	29.12	4	1.850944		1.850944

> 偶数行と奇数行に分け、奇数行を、I 列に、偶数行を、J 列に、ドラッグして作成します。

I30 ▾ _fx_ =SUM(I4:I28)*4

	A	B	C	D	E	F	G	H	I	J
1				X^3	X^2	X^1	C		h=0.12	
2			_x_	1	-6	8	4	yの値	0.12	
3		0	1	1	-6	8	4	7		
4		1	1.12	1.404928	-7.5264	8.96	4	6.838528	6.838528	
5		2	1.24	1.906624	-9.2256	9.92	4	6.601024		6.601024
6		3	1.36	2.515456	-11.0976	10.88	4	6.297856	6.297856	
7										5.939392
8								5.536		
9										1.594432
10										1.312
19		16	2.92	24.89709	-51.1584	23.36	4	1.098688		1.098688
20		17	3.04	28.09446	-55.4496	24.32	4	0.964864	0.964864	
21		18	3.16	31.5545	-59.9136	25.28	4	0.920896		0.920896
22		19	3.28	35.28755	-64.5504	26.24	4	0.977152	0.977152	
23		20	3.4	39.304	-69.36	27.2	4	1.144		1.144
24		21	3.52	43.61421	-74.3424	28.16	4	1.431808	1.431808	
25		22	3.64	48.22854	-79.4976	29.12	4	1.850944		1.850944
26		23	3.76	53.15738	-84.8256	30.08	4	2.411776	2.411776	
27		24	3.88	58.41107	-90.3264	31.04	4	3.124672		3.124672
28		25	4	64	-96	32	4	4		
29										
30							simpson	11	155.0991	74.13043
31										

> I30 には、=SUM(I4:I28)*4 を、J30 は、=SUM(J4:J28)*2 とし、完成します。

K30 = (H30+I30+J30)*I2/3 の結果、9.60918272 となります。

解答例

```
10 def fnf(X)=X^3-6*X^2+8*X+4
20 input "(a,b)";a,b
30 input "n? ",n
40 d = abs(b-a)/(2*n)
50 s = fn f(a)
60 for i = 1 to 2*n-1
70 x = a+i*d
80  if (i mod 2) = 1 then s = s+4*fn f(x)
90  if (i mod 2) = 0 then s = s+2*fn f(x)
100 next i
110 s = s+fn f(b)
120 simpson = s*d/3
130 print "Simpson= ";simpson
140 end
```

【実行例】
```
>run
(a,b)1,4
n? 10
Simpson= 9.75
>run
(a,b)1,4
n? 20
Simpson= 9.75
>run
(a,b)1,4
n? 100
Simpson= 9.75
>run
(a,b)0,50
n? 10
Simpson= 1322700
>run
(a,b)0,50
n? 100
Simpson= 1322700
>
```

シンプソン法を BASIC にすると、分割数 n を変化させても、積の値に大きな変化がありません。

第7節　アルゴリズムの定石

　人がパソコンに何をやらせたいかという問題は、パソコンにどのようなプログラムを作って実行させるか、という問題と同じです。

　人が作るプログラムのほとんどは、先人が培ってきたアルゴリズムの実践と応用にあります。

　アルゴリズムとは、9世紀のイスラム圏出身者の数学者の名前ですが、あまりに長い名前だったので、最初の単語をとってアルゴリズムというようになったといわれています。

　元々の意味は人の名前でしたが、アルゴリズムとは、今では問題解決の手順や算法を指すようになりました。

　パソコンを手にした先人たちは、問題解決の手順がわかっていれば、開発言語に関係なくプログラムを作成して実行し、問題を解決することができるだろう、と考えたのです。

　この節で紹介するアルゴリズムは、どれも古典的なものばかりですが、プログラムを作成する上では今も現役です。

　さらに、どんなに新しい言語が出てきても、古典を知らずして立ち向かうことができないようになっているのも、開発言語の特徴であることがわかるでしょう。

　この機会に、スタンダードなアルゴリズムを習得することをお勧めします。

┌─ **例題3 -17　最大値の抽出** ─────────────

　data文とread命令を使って、3つの値を比較して大きい方の数値を表示するプログラムを完成しなさい。

└────────────────────────────

【解説】

　基本的にパソコン（コンピュータ）は、2つのものを比較する以外に比較をすることはできません。

　3つ以上の数値を比較するためには、比較手順を使います。

　比較手順とは、最大値の変数を決め、最初の値（データ）を最大値とし、2番目以降の値と比較していくという方法です。

　これ以外の方法での最大値を見つける手順は、複雑になります。

　「最初の値を最大値と決めることで、どのような値がきても最大値を見つけることができる」という原理を使って、ソート（数値の並び替え）や既にソートされているデータに割り込んで、データを追加する、という単純挿入法へと応用されます。

解答例

【例題3-17のフローチャート】

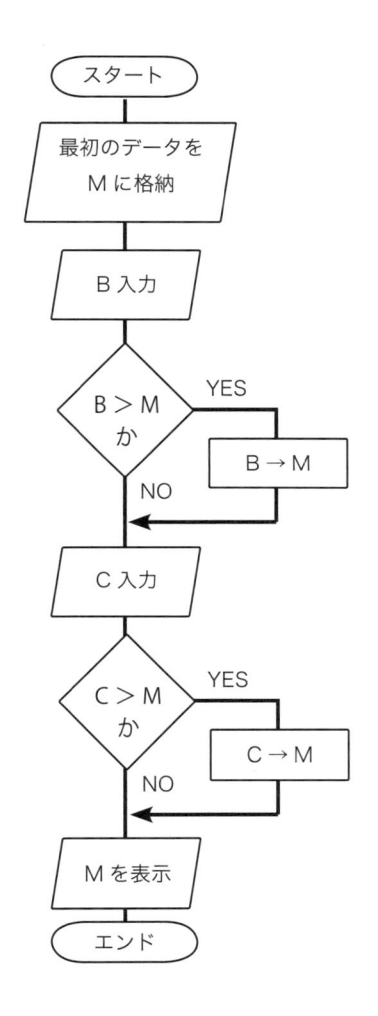

【例題3-17のBASICプログラムと実行】

```
10 rem*******EX3-17MAX********
20 data -540,-400,-128
30 read m
40 read b
50 if b > m then m = b
60 read c
70 if c > m then m = c
80 print "MAX= ";m
>run
MAX= -128
>
```

　BASICのREAD文は、読み出されるたびに次のデータを送り出します。

　データベース言語もこれに準じ、1枚1枚カードをめくるイメージでデータを読み込みます。

　データがなくなって空っぽになったなら、自動的に次のステップに行くのがBASICで、空っぽのときの条件によってループを抜け出すのがデータベース言語の違いになります。

例題3-18　ループを使った最大値抽出

　下記のデータをデータ文にして読み取り、最大値を表示するプログラムを作成しなさい。ただし、データの最後は -9999 であり、-9999 はデータの終端であって他のデータとの比較はしないこととする。

データ

-12 , 195 , 45 , 30 , -20 , 180 , 60 , 86 , 47 , 26 , 64 , 93 , 125 , -9999

解説

　データの最後に、最後のデータであることを約束するデータのことを、終端（End Of Data）といってEOD ともいいます。

　現実的なプログラムでは、必ずしも終端があるとは限らないので、ループの回数に制限を置く、もしくは、ループを開始する前に、最終データである終端があるかどうか確かめてからループする、などの番兵を行ってからプログラムをスタートさせます。

解答例

【例題3-18のフローチャート】

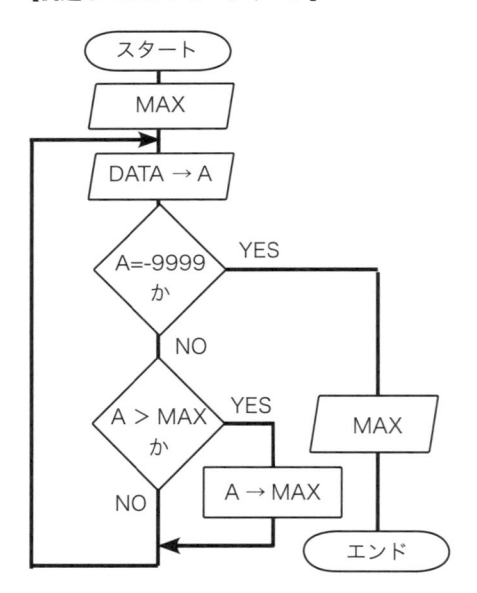

【例題3-18の BASIC プログラムと実行】

```
100 rem******EX3-18LOOP_MAX*******
200 data -12,195,45,30,-20,180,60,86,47,2
6,64,93,125,-9999
300 read max
400   read a
500 if a = -9999 then goto 1000
600   if a > max then max = a
700 goto 400
1000 print "MAX = ";max
>run
MAX = 195
```

─ 例題 3-19　順列 ─

　異なる n 個のものから r 個とる順列は、以下の式で示すことができる。

$$nPr = n(n - 1)(n - 2)(n - 3)(n - 4) \cdots (n - r + 1)$$

　INPUT 命令を使って n と n 以下の自然数 r を入力するものとしてプログラムを作成しなさい。

解説

　これは、順列の基本問題です。1 個しかないときは、1 通りしかありません。

　異なるものが 2 個で 1 個とるときは 2 通りになります。

　異なる 3 個のものから 2 個とる方法は、3 × 2 × 1 で 6 通りあります。異なる 3 個を、1、2、3 とすると、(1,2)(2,1)(2,3)(3,2)(1,3)(3,1) となります。

解答例

【例題 3-19 の BASIC プログラムと実行】

```
100   rem*****EX3-19*Permutation****
1000  input "N, R (N>R)",n,r
1100     p = 1
1200     for i = n to n-r+1 step -1
1300        p = p*i
1400     next i
1500     print " N-P-R=   ";p
1600  end
>run
N, R (N>R)100,4
 N-P-R=   94109400
>
```

1 個しかないときは、1 通りであるところがポイントです。行番号 1100 のプログラムがこれを解決しています。

実行例では異なる 100 個の中から 4 個取り出して並べる方法は、何通りかを算出したところです。

┌─ 例題 3 -20　組み合せ ─────────────────────

　異なる n 個のものから r 個とる組み合わせは、以下の式で示すことができる。

$$nCr = \frac{n(n-1)(n-2)(n-3)\cdots(n-r+1)}{r(r-1)(r-2)(r-3)\cdots 3 \times 2 \times 1}$$

　INPUT 命令を使って n と n 以下の自然数 r を入力するものとしてプログラムを作成しなさい。

└──────────────────────────────

解説

　これは、組み合わせの基本問題です。

　異なる3個のものから2個とる方法は、3×2×1で6通りあります。異なる3個を、1、2、3とすると、（1，2）（2，1）（2，3）（3，2）（1，3）（3，1）となることは前の例題で解説しました。

　しかし取り出すだけなので、取り出して並べる順番は関係がありません。そのため、組み合わせは、（1，2）（2，3）（3，1）の3通りになります。

解答例

【例題3-20 の BASIC プログラムと実行】

```
100   rem*****EX3-20_Combination*****
1000  input "N, R (N>R)";n,r
1100    c = 1
1110   while r > 0
1200    c = c*n/r
1300    n = n-1
1310    r = r-1
1400   wend
1500   print " N-C-R=   ";c
1600  end
>run
N, R (N>R)100,4
 N-C-R=   3921225
>
```

実行例では異なる100個の中から4個取り出す方法は、何通りかを算出したところです。

── 例題 3 -21 **オーダー** ──

9 個のデータ

109 75 204 24 38 19 154 11 20

上の 9 個のデータの中の 24 は、降順では第何位かを求めるプログラムを作りなさい。

解説

データをいったん配列 A に格納します。24 の値が入る配列の添え字は 4(4 番目のデータ) とすると、ループを使って 1 つ 1 つ自分 (24) より大きい値がないか比較します。もしも、自分より大きい値にであったら、順位カウントを +1 します。ループが終わった時点で自分の順位が確定します。

< 手順 >

(1) 配列に格納します。

(2) カウンタを作って 1 にします。

(3) 109 と比較します。自分より大きいのでカウントをとります。

(4) 75 と比較します。自分より大きいのでカウントをとります。

(5) 204 と比較します。自分より大きいのでカウントをとります。

(6) 24(自分) とは = ですからカウントはとりません。

(7) 38 と比較します。自分より大きいのでカウントをとります。

(8) 19 と比較します。自分より大きくないのでカウントしません。........

解答例

【例題 3-21 の BASIC プログラムと実行】

```
10 rem****EX3-21_Order*****
20 dim a(9)
30 input "DATA=  ",self
40 for i = 1 to 9
50   read a(i)
60 next i
70  cnt = 1
80  for j = 1 to 9
90   if a(j) > self then cnt = cnt+1
100 next j
110 print "DATA=";self;"JOUNI= ";cnt
120 end
130 data 109,75,204,24,38,19,154,11,20
```

```
>run
DATA=  24
DATA=24 JOUNI= 6
```

例題 3-22　直接選択法

　9 個のデータ

109　75　204　24　38　19　154　11　20

　上の 9 個のデータを直接選択法を使って、降順 (大きい順) に並べるプログラムを作りなさい。

解説

　最大値を見つける手法を使います。10 個からなる配列を作ります。最後の A(10) を「空き箱」とします。データを差し替えるときの避難場所です。これを直接選択法といいます。

　データは 9 個ありますから N - 1 回のループで最大値を見つけながら差し替えをします。

　昇順 (小さい順) はこの逆をします。

【手順 1 】10 個の配列 A にデータを格納し、最後の A(10) を空き箱にします。

1	2	3	4	5	6	7	8	9	10
109	75	204	24	38	19	154	11	20	

【手順 2 】1 回目のループで、全部の中の最大値を見つけます（最大値算出を参照）。解は A(3) に格納されている 204 です。A(10) を使って A(1) を交換します。

　A(9) → A(10)　いったん 109 を A(10) に格納します。

　A(3) → A(1)　算出した最大値を A(2) に格納します。

　A(10) → A(3)　204 が格納されていた A(3) に 109 を格納します。

1	2	3	4	5	6	7	8	9	10
204	75	109	24	38	19	154	11	20	109

【手順 3 】2 回目のループでは、A(2) から A(9) の中の最大値を見つけます。解は A(7) に格納されている 154 です。A(10) を使って A(2) を交換します。

1	2	3	4	5	6	7	8	9	10
204	154	109	24	38	19	75	11	20	75

【手順 4 】3 回目のループでは、A(3) から A(9) の中の最大値を見つけます。解は A(3) に格納されている 109 です。交換は必要ありません。

1	2	3	4	5	6	7	8	9	10
204	154	109	24	38	19	75	11	20	75

【手順 5 】4 回目のループでは、A(4) から A(9) の中の最大値を見つけます。解は A(7) に格納されている 75 です。A(10) を使って A(4) を交換します。

1	2	3	4	5	6	7	8	9	10
204	154	109	75	38	19	24	11	20	24

【手順6】5回目のループでは、A(5) から A(9) の中の最大値を見つけます。解は A(5) に格納されている 38 です。交換は必要ありません。

このように添字を使って最大値を見つけるプログラムを繰り返し、並べ替えると降順になります。

解答例

【例題 3-22 の BASIC プログラムと実行】

```
10 rem****EX3-22_Straight selection*****
20 dim a(10)
30 for i = 1 to 9
40    read a(i)
50 next i
60   for i = 1 to 9-1
70     for j = i+1 to 9
90 if a(j) > a(i) then a(10) = a(i) : a(i) = a(j) : a(j) = a(10)
100    next j
110 next i
120 for i = 1 to 9
130    print a(i);
140 next i
150 print
160 end
170 data 109,75,204,24,38,19,154,11,20
>run
204 154 109 75 38 24 20 19 11
>
```

─ 例題 3 -23　単純挿入法 ─

　すでに降順にソートされている 9 個のデータに、新たに数値 100 を追加するプログラムを作りなさい。

204　154　109　75　38　24　20　19　11

解説

　前回は A(10) を「空き箱」という名称を使って説明してきましたが、この場合も交換要員として使います。空き箱の呼び名にはいろいろあって、番兵（sentinel）といういいかたをする場合があります。
　そのため、単純挿入法を番兵法とよぶ人もいます。

【手順1】例題 3-21 と同じく 10 個の配列 A にデータを格納し、最後の A(10) を空き箱にします。

1	2	3	4	5	6	7	8	9	10
204	154	109	75	38	24	20	19	11	

【手順2】変数 C に 100 を格納し、A(1) から順に A(10) を比較をします。

1	2	3	4	5	6	7	8	9	10
204	154	109	75	38	24	20	19	11	

C ← 100

【手順3】A(4) に格納されている 75 よりも C の 100 の方が大きいので、A(4) 以後を順次シフトします。

1	2	3	4	5	6	7	8	9	10
204	154	109		75	38	24	20	19	11

→　　→　　→　　→　　→　　→

【手順4】A(4) に C の 100 を格納します。

1	2	3	4	5	6	7	8	9	10
204	154	109	100	75	38	24	20	19	11

C ← 100

解答例

【例題 3-23 の BASIC プログラムと実行】

```
10 rem***ex3-23_Straight insertion sort****
20 data 204,154,109,75,38,24,20,19,11
30 dim a(10)
40  for n = 1 to 9
50   read a(n)
55     print a(n);"-";
60  next n
66     print
70  input "insert data=";c
80    for i = 1 to 9
90      if a(i) < c then goto 500
100   next i
120  print "gaitounasi" : goto 1000
500  for j = 10 to i step -1
510    a(j) = a(j-1)
520  next j
530    a(i) = c
540  for k = 1 to 10
550    print "-";a(k);
560  next k
570    print
1000 end
>run
204 -154 -109 -75 -38 -24 -20 -19 -11 -
insert data=100
-204 -154 -109 -100 -75 -38 -24 -20 -19 -11
```

　- はマイナスではなく、挿入後のデータであることを示すために使用しています。

この章のポストテスト

【問1】10個の数を入力し、値の小さい順（昇順）に並べ替えよ。

【問2】自然数Nを入力し、Nの約数とその個数を求めるプログラムを作りなさい。

【問3】11を2乗すると121、264を2乗すると69696、というように数値が左右対称となる10000以下の自然数を順に算出するプログラムを作りなさい。

第4章　パソコン概論

OS　進化　二進数　IT教育

第1節　パソコンのOS

　機器の操作をする手順やルールのことをOS（オーエス：オペレーティング・システム：Operating System）といいます。機器は何でもよく、パソコンやデバイスと呼ばれる端末、テレビ、ビデオ、自動車であっても操作する対象が機械であるならば、それを操作（オペレート）する人と、操作される機械とには手順やルールが存在します。

　パソコンという機器を人が操作する時は、一定のルールがあります。そのルールであるOSには、名称があってそれぞれ独立した文化を持っています。

　アップル社は、iMacやMacProのようなMacOSを使って起動する機器のことをパソコンと呼び、iOSで起動するiPhoneやiPad、iPodのような端末機をデバイスと呼んで、パソコンとは明確に区別しています。

　MacOSとiOSは全くの別物です。

　MacOSを使って開発したアプリケーションを、iPhoneやiPad、iPod向けに作って、デバイス（iPhoneやiPad、iPod）に配布して使うことはできますが、その逆はできません。

　アプリケーション以外の写真やテキストは、ファイルという形式で共有して使うことができます。

　また、管理上MacOSを使って開発したアプリケーション・ソフトを、各デバイスに配布して使うためには、厳しい掟があって、一定の条件を満たしていなければ配布できないようになっています。

　つまり、アップル社の文化は、パソコンは、開発者およびプロのオペレータを対象としている機器であって、そこからできたアプリ、ファイル、写真、動画を楽しむのは、デバイスである、という立場を取っていることがわかります。

　これに比して、マイクロソフト社のOSは、ウィンドウズと呼び、xpから始まって執筆中の現在は10（テン）といいます。

　マイクロソフト社の文化は、端末であれパソコンであれ、機器にウィンドウズをインストールすることでソフトやデータを共有して使うことを目指しています。

　過去には、これ以外にパソコン向けのOSは、数多く存在していましたが、淘汰され統合されたりして一般的ではなくなりました。

　OSは、オペレータ（人）と必ず対話をしなくてはならないので、対話のための画面を持っています。

旧来のパソコンは、一行一行応答するライン型だったので、ライン文の冒頭に、

　　　　>_

というカーソルの状態が、パソコンとの対話 OK を示していました。

　アップル社のマッキントッシュの登場（1984 年）以後は、徐々に現在のようなマウス、メニューバー、アイコン、ゴミ箱、フォルダという絵で見てわかる方式（GUI グラフィック・ユーザー・インタフェース）が、パソコンの OS に取り入れられるようになりました。

　アップル社の MacOS では、GUI に当たるプログラムを Finder といい、マイクロソフト社のウィンドウズでは、同じ名称を使って windows といいます。

　GUI 以前のライン型の OS の時代は、OS のプログラム量は少なくて 1 M バイトのフロッピーがあれば賄うことができました。現在の OS にも、ライン型コマンドは引き継がれ、利用する場面があります。

　OS の理解を深めるために、ライン型の OS と現代の OS とを比較してみましょう。

（1）ウィンドウズのライン型コマンド

[準備] ウィンドウズ xp 以上であるなら、どれも同様に操作できます。

デスクトップ上に test という名称のフォルダを作成し、「メモ帳」などのテキストエ

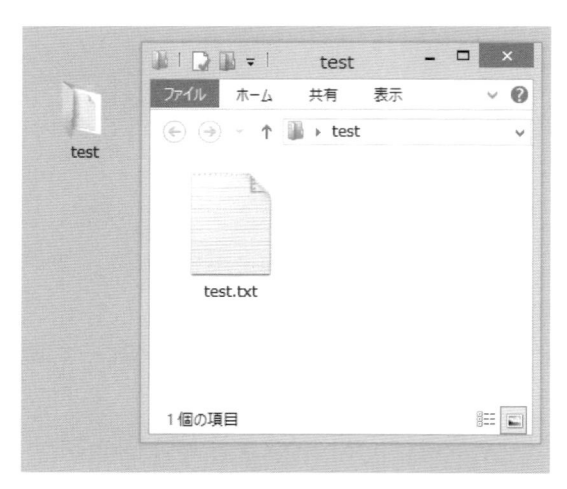

ディタを使って、図のように test.txt のようなファイルを作成します。

　test.txt を test フォルダにドラッグするなどして保管して置きます。

　準備は、これでいいでしょう。

　上図のような test.txt のファイルを削除するには、① test.txt ファイルをマウスで選択して、ゴミ箱に重ねる。② test.txt ファイルをマウスで選択して、マウス右クリックしたままにして、一覧の中から「ごみ箱に捨てる」を選択する、という方法を使ってファイルを削除することができます。

　完全に削除するためには、ゴミ箱を選択して、右クリックし「ごみ箱を完全に空にする」を行えば、削除が成功します。

　同じことを、コマンドを使って実現してみましょう。

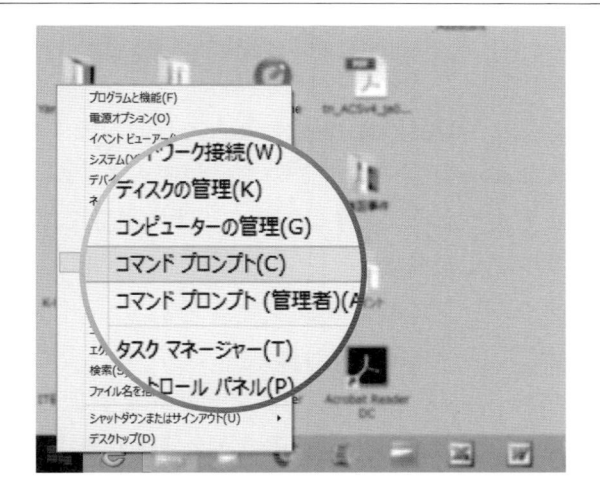

ウィンドウズ左下にあるアイコンにマウスカーソルを重ね、右マウスボタンを押したままにします。すると図のようにメニューが伸びてきます。

メニューの中の「コマンド プロンプト（C）」を選択します。

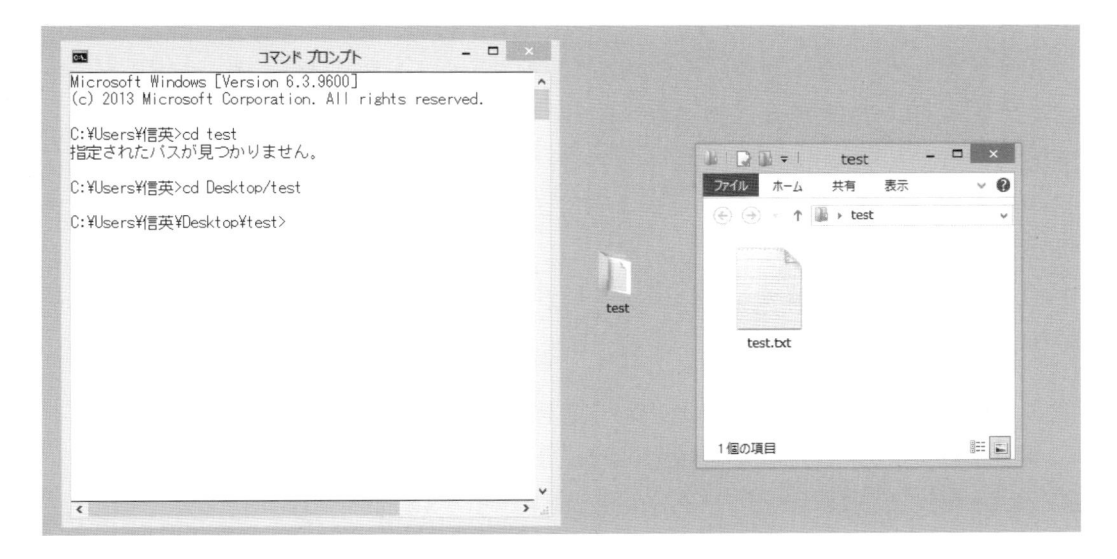

コマンドプロンプトを選択すると、背景が黒いラインエディタが表示されます。上図は、印刷の関係から背景の黒を反転させ、黒文字にして表示しています。

ラインエディタは、BASICのときのエディタと同じで、1行1行を単位として編集し、改行のreturnキーを押すと送信・実行を意味します。

コマンドプロンプトが起動すると、C:¥Users ¥○○＞ | となっているでしょう。

| は点滅しているはずです。○○の部分は、マシーンによって違います。今使っているパソコンのユーザー名が来るようになっています。かまわず半角英数で、cd △ test と入力し改行してみましょう（△はスペースキーを意味します）。

すると、エラーメッセージが返ってきて、「指定されたパスが見つかりません。」と表示され、自動的に改行されて、再び、C:¥Users ¥○○＞ | 点滅　となるでしょう。

cd は命令です。cd は、change directory つまり、マウスでフォルダーを W クリック

するのと同じです。test フォルダを W クリックしようとしましたが、「それでは、わかりません。」という応答がパソコン側から来たのです。

　そこで、C: ¥Users ¥○○＞の後に、今度は、cd △ Desktop/test　と入力してみます。

　／はバックスラッシュ・キーといいます。windows7 以上は、このキーが使えますが、xp は、¥で代用します。cd △ Desktop ¥test と言うようにです。どちらも半角英数でないと応答しません。ウィンドウズから見たコマンドの意味は、

　　　　「フォルダを W クリックしなさい、デスクトップにある test フォルダを。」

という意味です。すると、今まで C: ¥Users ¥○○＞ | 点滅　だったのが、

C: ¥Users ¥○○＞ Desktop ¥test | 点滅となって、図のように test フォルダを選択し test フォルダが W クリックされてファイルが見える状態になっていることを意味します。

　目的としている test フォルダを選択したフォルダのことを、ライン型コマンドでは、ディレクトリと呼びます。ライン型の OS やハードウェアには、フォルダという概念がなく、フォルダに該当するグループ化したもののことをディレクトリといいます。フォルダの中にまたフォルダがある場合は、ディレクトリの中にディレクトリがある状態と同じです。

　前述した cd は（change directory）の意味で、cd △ Desktop ¥test　をライン型 OS から解釈すると、「今いるディレクトリから、デスクトップにある test フォルダにカーソルを移動しなさい」という意味です。

　画面上何も変化はありませんが、デスクトップにある test フォルダが W クリックして見えている状態になりました。

　次に、test フォルダの中の test.txt という名称のファイルを削除してみます。

　C: ¥Users ¥○○＞ Desktop ¥test | 点滅　に続いて、

del △ test.txt　と入力し改行すると、text.txt ファイルが削除されます。

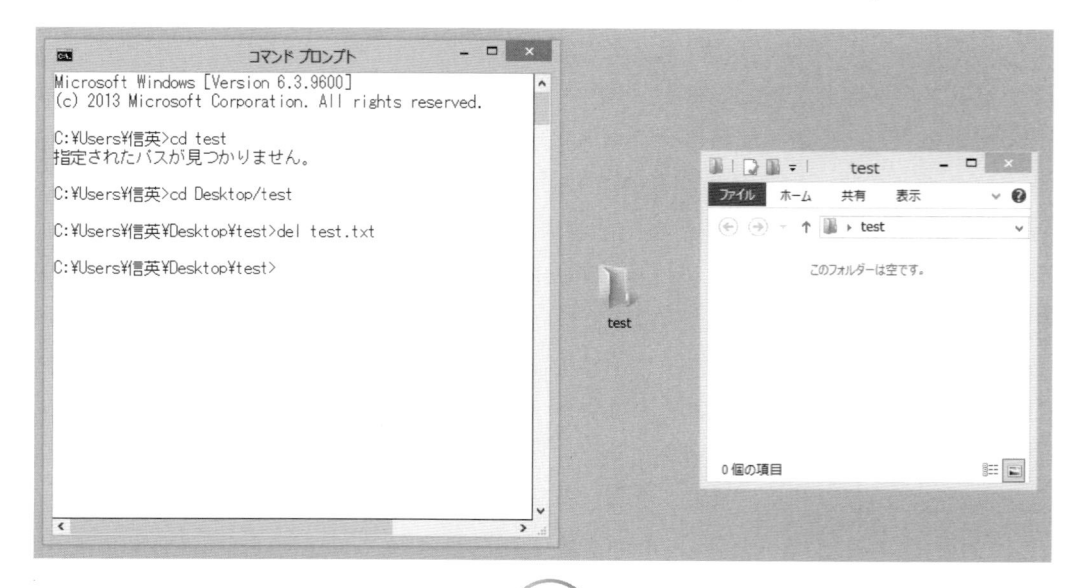

del は delete キーと同じで、削除命令を意味します。

このように、マウスやアイコンがない時代は、ディレクトリを移動して、コマンドを送信し実行を繰り返しながら使いました。

キーボードからのコマンドによって、ファイル操作を担ってきたのが DOS（ディスクOS）です。

（2）MacOS 上で稼働する UNIX コマンド

[準備]MacOS X 10.6 以上であるなら、どれも同様に操作できます。

デスクトップ上に test という名称のフォルダを作成し、「テキストエディット」などのエディタを使って、図のように test.rtf のようなファイルを作成します。

test.rtf を test フォルダにドラッグするなどして保管して置きます。

デスクトップ上の準備はこれでいいです。

次に、UNIX コマンドを実現するためのソフトを起動します。

アプリケーションの中のユーティリティ・フォルダの「ターミナル」を選択し、起動します（下図参照）。

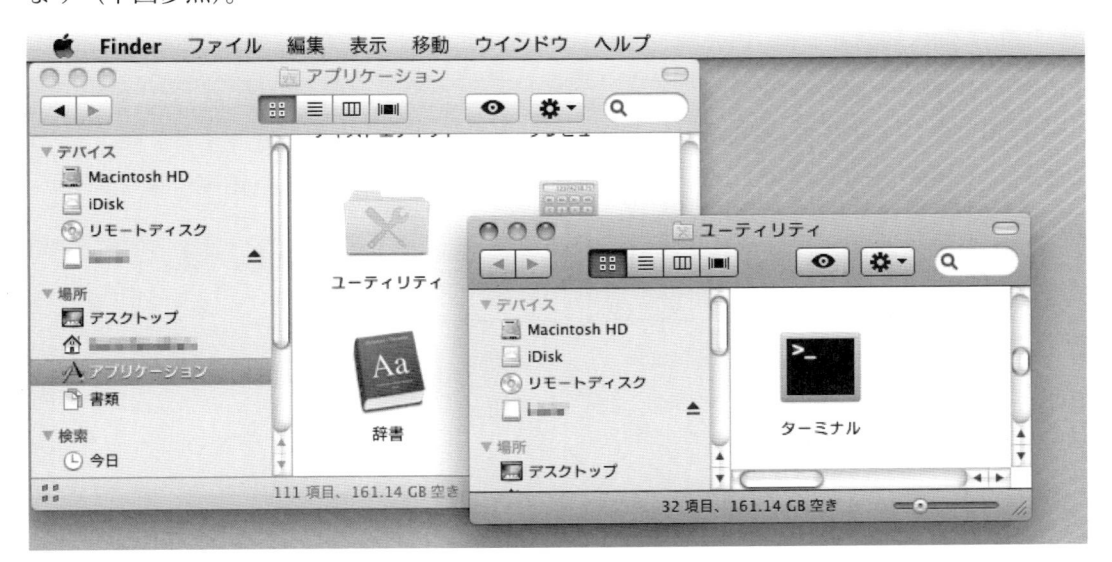

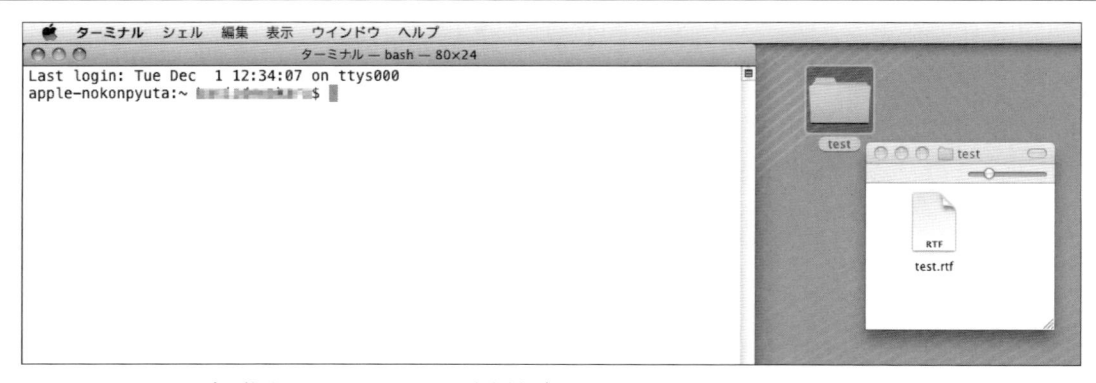

　ターミナルを起動するとカーソルの居所（これを UNIX ではルートといいます）をメッセージは ..... $△■　で終わります。上図のグレーの■がプロンプト（カーソル）です。

　/ スラッシュは、ルートを示し、ウィンドウズの¥と同じです。何か命じる時は、命令の後にスペースキー△を1つ置いてルートを示します。

　デスクトップの test フォルダーに何かファイルがあるかどうか聞いてみましょう。その場合の UNIX コマンドは ls（エルエス）です。プロンプトの後に、ls △ /Desktop/test もしくは下記のようなユーザー名からの入力をして、return キーを押します。

　すると下記のように、改行されて　test.rtf..... $△■　という応答があります。

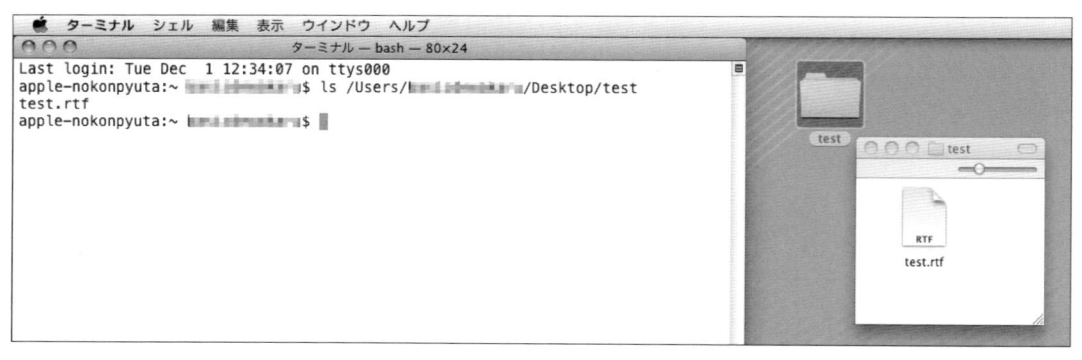

　次に、 test.rtf　を削除してみます。

　その場合のコマンドは、rm といいます。ルートは、下記のように詳しく書くか、

　rm △ /Desktop/test/test.rtf　と入力して改行すれば、ファイルは削除になります。

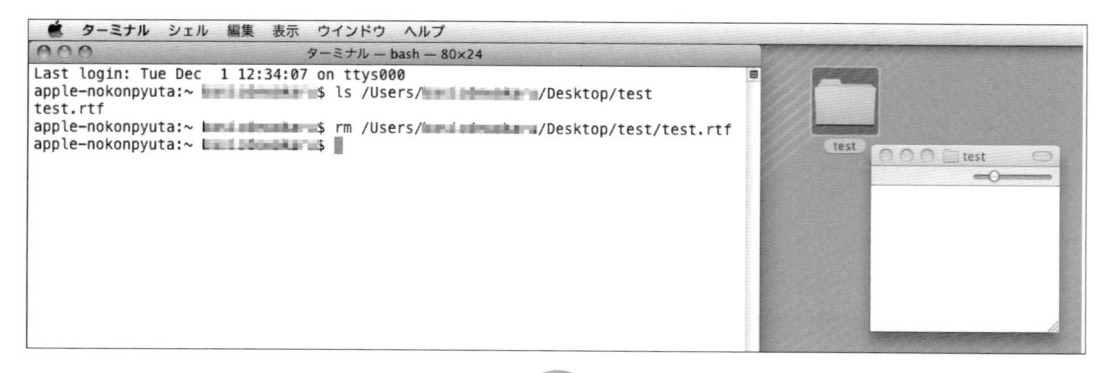

（3）インタプリタとコンパイラ

　本書の第２章と第３章で紹介した表計算ソフトの数式、BASIC 言語は、どれもインタプリタ型言語と言います。

　インタプリタは、プログラムを実行させると、一行一行解読して計算結果を示します。表計算の数式や BASIC ばかりでなく、マイクロソフト社のエクセルの VBA、WEB を実現している HTML 言語も、全て OS やアプリケーションに設置されているインタプリタにより、解読され実行されます。

　アプリケーションそのものを製作する場合は、コンパイラ言語を使って、製作したプログラムをコンパイルしてアプリケーションにしてから実行します。

　コンパイラ言語は何でもよく、たいていは OS メーカーから提供されます。

　インタプリタの代表は、WEB ソフトで稼働する HTML です。

WEB ソフト（図は Google Chrome）を起動し、どこかのホームページを開きます（図は、http://www.it-study.biz の一部）。

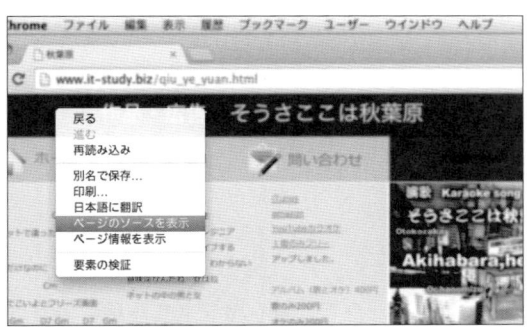

開いたページにマウスを右クリックし、「ページのソースを表示」を選択します。

結果、新規にウィンドウを開き、表示されているページのプログラム（html 言語）になります。

　表示するための文法に即して、テキスト文が書かれていることがわかります。WEB の
プログラム（html）文は、BASIC のような人が解読できるテキスト文によって、実行さ
れていることがわかるでしょう。

　HTML 言語の中身は、文法的に BASIC 言語と変わるところがなく、ループを持ってい
ません。基本的には、写真を貼れ、文章を表示しろ、クリックされたら飛べ、くらいの命
令でできています。それだけでは、ホームページに動きがないので、JAVA Script などで
補強します。

　インターネットで接続されたサーバーの先から、HTML 言語で描かれたファイルを
WEB ソフトが呼び込み、一行一行解読して WEB ソフトで放映しているのが、ホームペー
ジです。

　WEB がインタプリタ言語で表示されていることが理解できたら、次は、本章の第 2 章
で学んだイラストレータを使って、インタプリタを見ることにします。

　第 2 章ではイラストレータのドロー機能を使って、次のページにあるようなデザインを
しました。

　第 2 章のイラストレータを使ってデザインした
ものを、素材として使ってみます。

　画面は、CS4 ですが、CS2 でも要領は同じです。

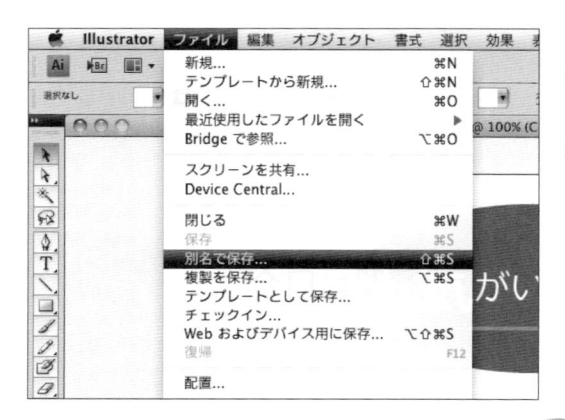

　イラストレータで作成したファイルを、SVG
に保管します。

　イラストレータのメニューのファイルから「別
名で保存 ...」を選択します。

別名で保存するときに、フォーマットを SVG にして保管します。

SVG に保管したら、WEB ソフトを起動し、保存した SVG ファイルを選択してオープンします。

すると、図のようにイラストレータでデザインしたままの画像が WEB ソフト上で閲覧できることがわかります。

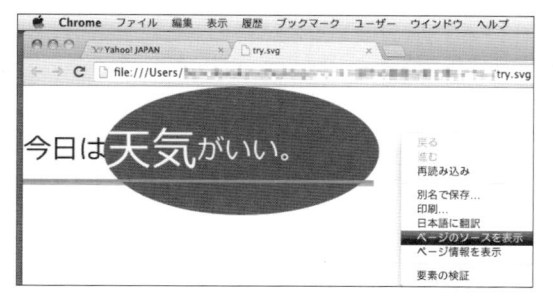

SVG が WEB ソフトでオープンできたら、画面のどこかをクリックして、マウスボタンの右ボタンをクリックしてメニューを出し、ソースを見ることにします。

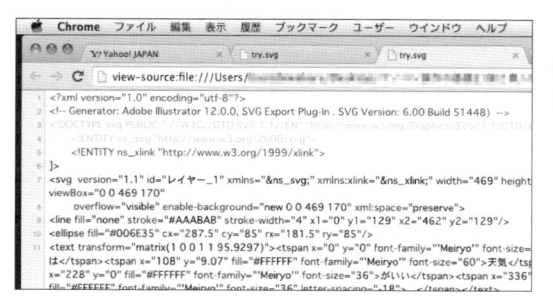

デザインした内容が、html と同じ xml に変換され、WEB ソフトが解読して放映していることがわかります。

　前ページの順に従って、イラストレータで SVG ファイルを生成し、WEB ソフトを使って解読し、結果として WEB で再現することを確認しましょう。描いたものが html（xml）としてプログラムに変換され、再び表示するという過程が理解できれば、プリンター言語としてアドビ社の PostScript 言語も同様にプリンターに向けた言語に翻訳して送信していることがわかるでしょう。

　この他に、OS には独自のスクリプト言語というのがあって、OS 上で起こる操作を、インタプリタで再現することができます。MacOS は、AppleScript、ウィンドウズは、Windows Script Host といいます。

　パソコン上で決まりきった仕事（ルーチンワーク）を繰り返し行うような場合、OS のスクリプトを使ってプログラミングし、効率化を計ることができます。

　インタプリタの次は、コンパイラについて説明します。

　パソコンに搭載されているインタプリタ型の言語の目的は、アプリケーションを補うことを目的としています。

　パソコンのコンパイラ言語は、何かのソフトを開発することが目的で利用します。このため、OS メーカーは、コンパイラに必要な環境を提供しています。

　アップル社の場合は、Xcode というアプリケーションで開発し、開発したソフトを勝手には配布できないようにルール化されています。

【アップル社】https://developer.apple.com/jp/xcode/index.html

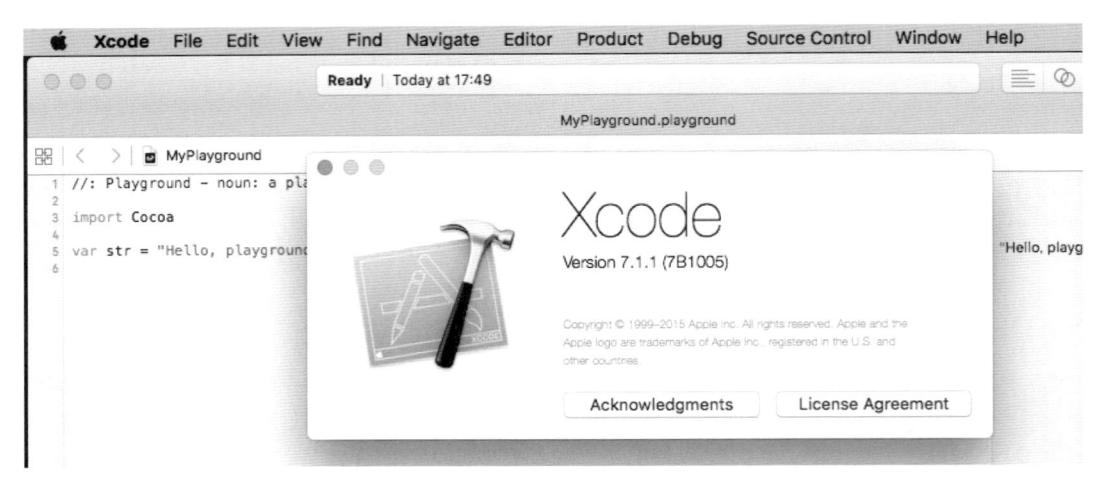

　開発したソフトを配布できるようにするためには、アップル社に開発者登録をしなくてはなりません。また何の OS（デバイス向けなのか）に向けた開発をするのかによって、コースが分かれていて登録料金も異なります。

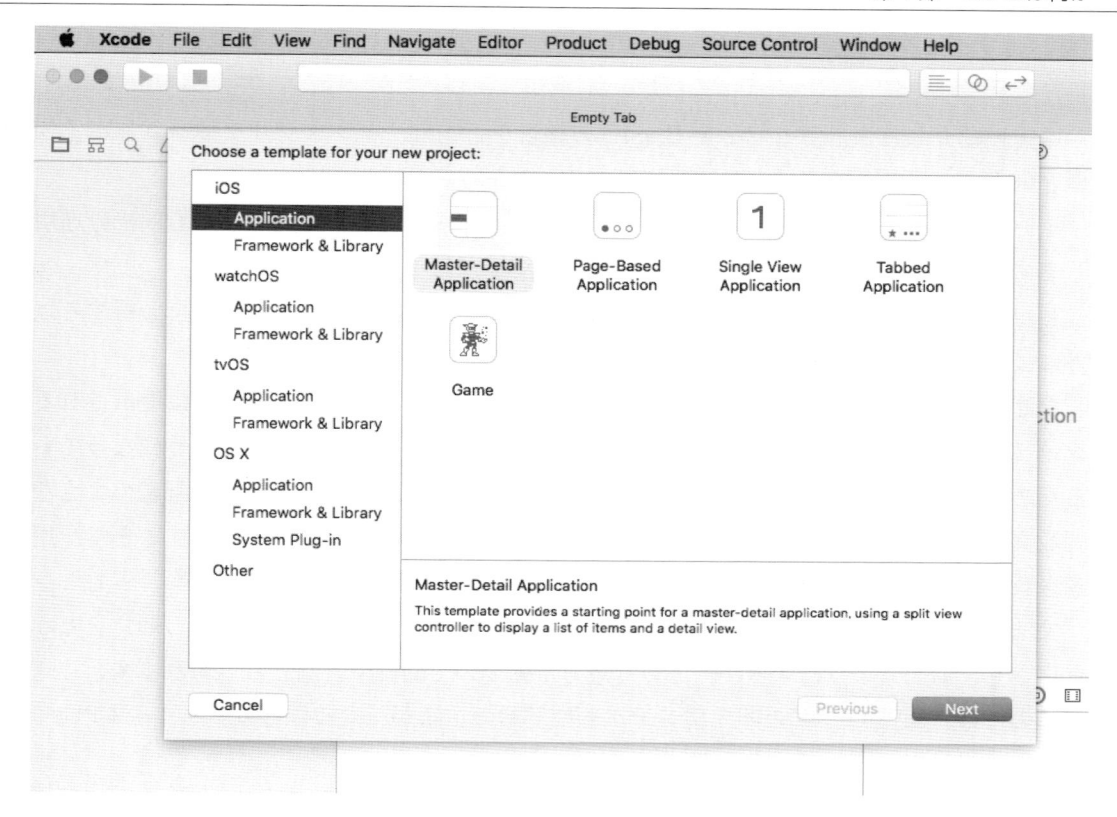

　一方、ウィンドウズの開発環境は、アップルと同様に、マイクロソフト社から直接サポートを受けながら開発する環境もあります。

（4）オブジェクト指向

　本書で紹介した表計算ソフトや BASIC の練習を行えば、インタプリタ型やコンパイラ型というプログラムの実行方法は理解できるでしょう。

　データベースを操作するための簡易言語やホームページの製作に挑戦しても、十分通用します。本編で取り組んだ例題の解法が、役に立つでしょう。

　しかし、アプリケーションの製作となると、本編で取り組んだ例題の解法を会得する以外に、オブジェクト指向という考え方に慣れる必要があります。

　なぜ、オブジェクト指向かというと、OS メーカーを始めとして、開発者に提供されるライブラリーやプログラムは、オブジェクト指向型の関数として利用するようになっているため、利用しようとする関数の意味することを熟知する必要があります。呪文のような関数文をコピー＆ペーストとして、パラメータと呼ばれる変数部に値を引き渡すことで、用意されているライブラリーの関数を利用することになります。

　文法も違います。オブジェクト指向言語は、オブジェクト（丸や四角などの形）をどう登場させ、消えるようにするか、という思考が強いので装飾型言語ともいわれます。

　このため、BASIC などの非オブジェクト型言語の主語が、もっぱらカーソルや CPU であるのに対して、オブジェクト型は、「動詞＋目的語」という形態をとります。

　しかも関数の数はあまりに多くて、目的とするアプリを完成するためには、どの関数が必要なのか、という経験も必要になります。

　もちろん、自分で関数を作って、その関数を呼び出しながら使うこともできます。

　オブジェクト指向型のプログラミングは、慣れるまでに時間がかかります。建築物の部品からコツコツ作っていくようなものだからです。オブジェクト指向型のプログラミングの理解を早めるためには、3D の CG ソフトに挑戦することをお勧めしています。CG ソフトの立体画像の制作方法は、オブジェクト指向そのものの練習になるからです。

　ただし、オブジェクト指向型のプログラムをいくつか完成すると、使いこなせる関数の数も増えて、短い時間で目的とするアプリを完成することができるようになります。

　ゲームなどのアプリを製作するためには、オブジェクト指向型による開発は有効ですが、ビジネスソフトを製作する上では、難があります。データベースはオブジェクト指向型を前提として作られていなくて、独自のルールを使って検索したりリレーショナルを利用できるようにしているからです。そのため、データ検索や絞り込みを常とするビジネスソフトと、画像処理やストーリー展開を主とするゲームソフトとでは、乖離が甚だしく、同じプログラミングでも方向性が違います。

　詳しくは、別の書籍か、熟練したプログラミング・エンジニアから、お話をお聞きになることをお勧めします。

第２節　パソコンができるまで

「パソコンは、どのようにしてできたか」という問いは、人類の知能と技能の歴史を語ることと同義です。

最初の発明は、筆算でした。筆算の発明によって、加算と減算に加え乗算と除算の計算が簡易になりました。九九やそろばんによる計算や損益計算書（バランスシート）も、この中に含めることができます。

その後、計算を機械でできないか、という挑戦が始まります。

当時は、機械と言っても歯車と手回しを組み合わせる以外に方法がなかったので、計算機の素地としての限界はあったものの、自動計算と同時に数学的な自動思考という分野を模索するところとなります。

最初に、歯車と手回しの組合せで自動計算機を考案したのは、チャールズ・バベッジです。

彼のこの発案は、200 年後のコンピュータの CPU（中央演算装置）の設計に寄与しました。バベッジが考案した自動計算機のためのプログラムを最初に書いたのが、貴婦人のエンダ・ブレアでした。つまり、世界初のプログラマは、彼女であるとされています。

彼女は、バベッジが考案した自動計算機は、電卓のような専用の計算機でないことを理解していました。計算機は、電卓同様に文字通りの計算しかできません。しかし、バベッジが考えた計算機は、当時のオルゴールの円盤のように、計算したいことをカートリッジのように取り替えることができる機械であることを、彼女は理解していたのです。

バベッジから 200 年後、今度は動力を電気信号に変え、バベッジのコンピュータを現実のものにします。ドイツのツーゼ、英国のアラン・チューリング、米国のジョン・フォン・ノイマンらが、コンピュータ技術を応用して第二次世界大戦中に、暗号解読機や弾道計算をするための専用の計算機を作りました。

戦後になって、コンピュータは、特定の目的（暗号解読や弾道計算専用）と区別して、汎用機という名称で世界中に普及しました。同時に、人類はコンピュータで何ができるか、という挑戦が始まります。

その挑戦の結果が、現在のパソコンの姿です。

本書では、歴史を５つに区切り、現代パソコンから見たコンピュータができるまでの変遷を段階的に解説し、代表的な人物の紹介と実績を解説しました。

パソコンまでの進化を一瞥してわかることは、パソコンは人類の頭脳となる一歩を踏み出したに過ぎず、これからも進化を続ける発展途上の機械であることがわかります。

パソコンができるまでのグレースケール年表

～1716年		1823年	1878年	1880年		1936年
			1869年　明治維新			1941年
						大東亜戦争

第一期　～1880年まで

　電気というインフラがない時代である。文明の中心は欧米に移り、航海時代と奴隷、それに開発途上国の制圧に支えられた経済基盤の時代でもありました。英国から始まった産業革命を経て、ワットの蒸気機関を利用した紡績機の仕組みは、コンピュータを創造する上で大きなヒントとなりました。

第二期　1880年から1936年まで

　この時期は、コンピュータを創造するための大きな進展はなく、代わって、手回し式計算機が完成を迎えていました。

　その中でも、学問として「ヒルベルトの23の疑問」は、数学者を大いに刺激することとなり、この疑問に応える形で、現在のコンピュータの原型となるチューリングマシーンをアラン・チューリングが考案することになり、コンピュータの実現を可能にしました。

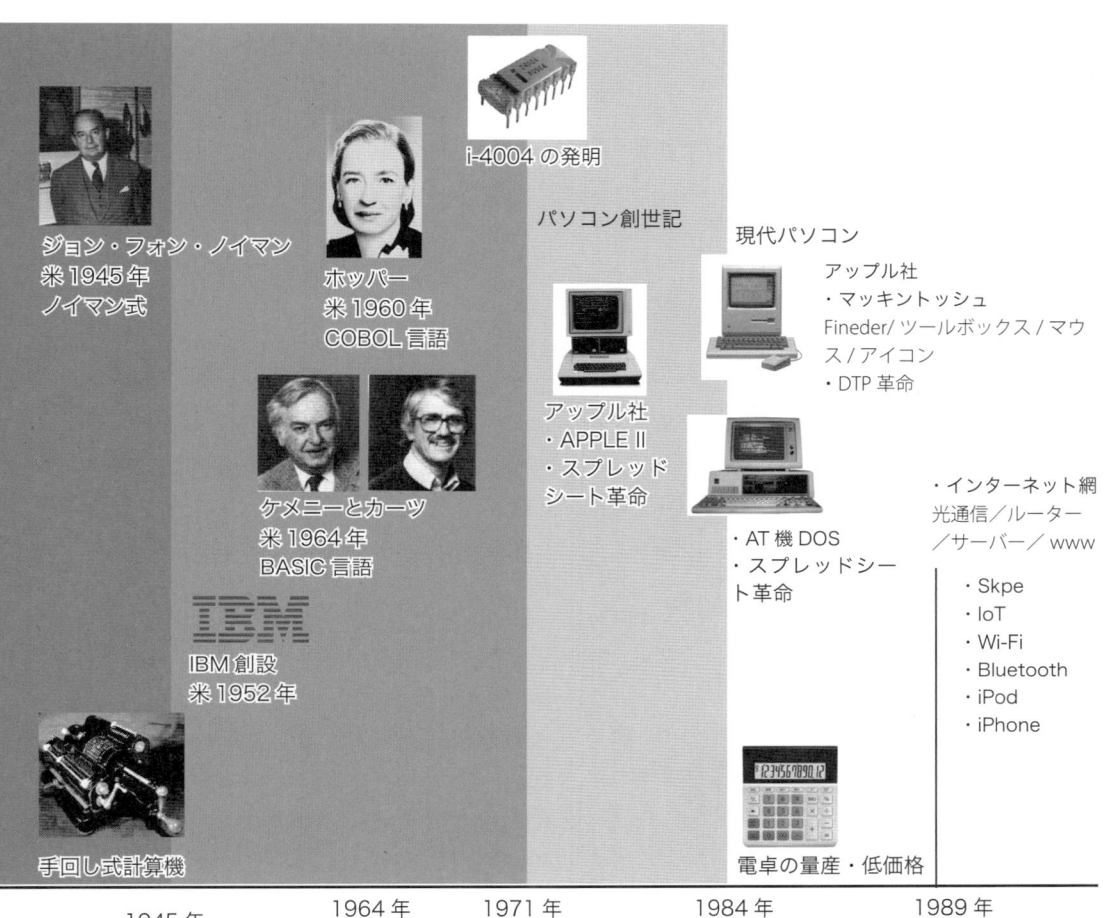

ジョン・フォン・ノイマン
米 1945 年
ノイマン式

ホッパー
米 1960 年
COBOL 言語

i-4004 の発明

ケメニーとカーツ
米 1964 年
BASIC 言語

IBM 創設
米 1952 年

手回し式計算機

パソコン創世記

アップル社
・APPLE Ⅱ
・スプレッド
シート革命

現代パソコン

アップル社
・マッキントッシュ
Fineder/ ツールボックス / マウ
ス / アイコン
・DTP 革命

・AT 機 DOS
・スプレッドシー
ト革命

・インターネット網
光通信／ルーター
／サーバー／ www

・Skpe
・IoT
・Wi-Fi
・Bluetooth
・iPod
・iPhone

電卓の量産・低価格

1945 年
第二次大戦終結

1964 年　　1971 年　　1984 年　　1989 年

第三期　1936 年から 1945 年まで

　時は大きな戦争の時代となり、知能も技能も戦争のために費やされることとなります。このため、コンピュータの技術は、戦争の中に埋没され、機密に包まれたままのことが、今でも多く存在します。

第四期　1945 年から 1971 年まで

　戦後、コンピュータは飛躍的に進化します。国勢調査の集計や軍人の給与計算に代表される大量計算は、汎用機の製造と設置を可能にし、IBM が世界を制覇します。

第五期　1971 年から現在まで

　i-4004 というワンチップ CPU は、数十万円していた計算機を数百円の電卓へと変化させ、数億円する汎用機を、数十万円で販売できるパソコンへと変える起点となりました。

ライプニッツ (Gottfried Wilhelm Leibniz)
1646 年〜1716 年

【 生 涯 】

　ドイツ、ライプチヒに生まれる。ヨーロッパ最大の宗教戦争の末期にさしかかったころでした。長期にわたる戦争のため (三十年戦争)、ヨーロッパ全土、資源は底を尽き、人口は著しい減少と国民の生活は、かなり貧しく、国そのものが荒廃していました。

　父親はライプチヒ大学の倫理学の教授で法律顧問の家庭でしたが、彼が 6 歳の時に父を失い、三人目の若い継母と一人の妹の三人で生活しました。

　幼年の頃から非凡な才能を発揮し、父亡き書斎で独学し、10 歳までには、ヘロドトス、クセノフォン、プラトンなどを読破。8 歳のときには、ラテン語の絵本を読みながらラテン語とギリシヤ語を読めるようになり、13 歳のときには、ラテン語で作詩ができました。

　このように語学力に秀でていたため、15 歳でライプチヒ大学の法科に入学し 17 歳で修士となったことからもわかるように、彼は天才でした。

　しかしこの頃、父の書蔵の哲学書から、スコラ哲学とデカルトを比較し、デカルトの哲学が優っていることを悟ると、数学を学ぶ必要性を痛感し、進んでイエナ大学に 1 学期だけ聴講しました。16 歳の頃でした。

　このときに聴いたエアハルト・ワイゲル教授の講義中に、哲学の数学化 (記号化) という着想を持った、と伝えられます。その後、ライプチヒ大学に戻って法学博士の学位を取ろうとしました

が、論文は受け入れられず学位はもらえませんでした。

　以後、彼は二度とライプチヒを訪れることなく、ニュールンベルクに移り住み、アルトドルフ大学で学位を翌年取得しました。21 歳のことです。彼は、そのまま法学教授にはならずに、錬金術師の結社ローゼンクロイツェルに入って化学の知識を得るところから、彼の人生ががぜん面白くなります。

　その後まもなく彼の一生を決定づける人物、ボイネブルクに出合います。彼は、ライプニッツの優れた才能を見抜き、22 歳の若さでマインツの外交使節として宮廷に仕えるところとなりました。ライプニッツの生涯は、ここから公共的活動と哲学や自然科学の研究活動の二面性を持つことになります。

　時代はしかし、戦争で疲れきっていました。彼に与えられた政治的使命はことごとく失敗し、彼を支えてきたボイネブルクも他界してしまいます。26 歳のことでした。

　それでも、このときのパリ滞在の 4 年間にホイヘンスから物理学と数学を学ぶと、1675 年頃、微積分法を発見したのでした。

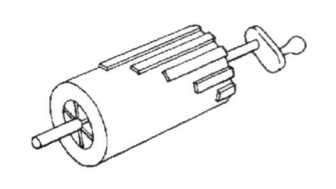

ライプニッツが考案した計算機の歯車

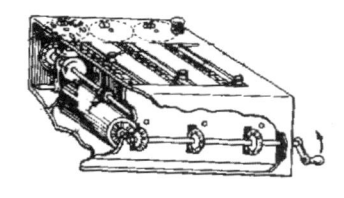

ライプニッツが考案した計算機を実用化したもの 1880 年頃の計算機（左図）。
その後改良され、1950 年まで商用と研究用に使われました（右図）。

【ライプニッツの計算機とその後】

　彼は、パリ滞在の期間に、数学だけでなく、計算機にも異常な興味を持ちました。その頃の計算機はパスカルの計算機が有名でしたが、彼はこれに改良を加え2年くらいかけて、独自の計算機を完成しています。10進法の桁上がりは完全でないものの、当時としては四則演算が完全にできる画期的な発明物でありました。しかしながら当時は、このアイディアを実現するためには、歯車を使う以外に方法がなかったので、完成には至りませんでした。

　これとは別に彼の文献によると、演算を2進数で行なうべきか、10進法であるべきかの議論をしています。数値に神秘性を認めていた時代でしたので、1を神、0を無という宗教的意味から2進数で行なう実際の試みはしませんでした。2進数が有効であることを人類が悟るのは、それから300年後のことでした（ブール参照）。彼は、当時の天文学者が膨大な時間と手作業で苦労して算出する計算を機械にさせて、人はもっと有益なことに時間をかけるべきである、という公共的な信念を持っていました。

　パリの生活を終えると、発明した計算機をロンドンに立ちより、王立科学協会で披露しています。王立科学協会はこの装置に大きな関心と功績を讃え、初の外国人会員に推薦しています。

　1676年、30歳の彼はドイツに戻り、生涯を終えるまでの40年間宮廷の法律顧問としてハノーバーで過ごします。

　一方で科学の振興にも力を入れ、1682年、私費で科学雑誌を創刊していますが、これは西欧初のことでした。2年後、その科学雑誌に微分法を発表し、1686年には積分法を。

　また、科学アカデミーを建設する計画を立てたりしていましたが、存命中に実現できたのはベルリンの科学アカデミー(1700年創立)のみで、彼の死後に創設したものがほとんどでした。

　ライプニッツは哲学の分野では理想主義者、ヒューマニストとしての位置を誇っていますが、理由は、三十年戦争の後の新旧両派の統合のため運動を繰り広げ、指導者として活躍したためです。

　今日の積分記号はライプニッツが考案したものです。数学でいう微分、関数、座標、微分方程式、算法、これらは皆彼が導入した用語です。行列式の理論も組み合わせ理論も彼の仕事でした。つまり、現代の高等学校の数学は、ライプニッツ以後の計算術であることがわかります。

　彼は、人間の認識や知覚、わかりやすくいうと理解の過程(どうのように人間は理解しているか)を全て記号化して記述できるようにしようと考えました。これにより、推論することができて、全ての事象を関数や記号で説明できるようになると信じていたのでした。これが「ライプニッツの夢」といわれる近代物理および数学の目標になりました。後の「ヒルベルトの23の疑問」は、「ライプニッツの夢」をより具現化したものと見ることができます。

　ライプニッツが発明した計算機は以後改良が加えられるものの、原理的には変わることなく大戦後まで使用されていました。

　計算機同様に数学界も、最近までは、ライプニッツが追い求めた人間の理論的思考を記号化して全てが語れるものと夢想していました(英国バートラン・ラッセルとホワイト・ヘッド「数学原論」1910年他)。

　彼が勤めた40年間の宮廷執務中は、三人も主君が替わり、三人とも彼の優秀さを見抜くことなく彼を冷遇しました。

　微積分の発表は、ニュートンの逆鱗に触れるところとなり、どちらが先に発見したかの論争に巻き込まれることになります。

　偉大な思想家の晩年は一敗地にまみれ、最後は誰にも看とられずに亡くなりました。

バベッジ (Charles Babbage)
1791 年〜1871 年

【 生　涯 】

　1791 年、イギリスはロンドンの郊外デボンシャー州トトネスに生まれました。中産階級 (父親は銀行家でした) の家庭であったことから、同時期の貧しいブールと比較されることが多いようです。

　彼は変人として、よくいえば風変わりな頑固者として扱われています。彼が発明・発見したことや彼のアイディアのほとんどを晩年近くなって公開したために謎も多く未だに不明な点もあります。

　幼年期の特徴として、超自然現象への異常な興味があげられています。オカルトに対する情熱は、魔術や魔法に飽き足らず、悪魔を呼ぶために自ら血を垂らしてお祈りをしたとあります。ある日、オカルトの仲間と相談をして、どちらかが先に死んだなら、残った者の前に霊としてでる約束をしました。その友達が 18 歳で突然死んでしまったとき、バベッジは一晩中、友人の霊を待ったといいます。霊は現われませんでしたが、彼はくじけることなく、仲間と同好会をつくってのめり込みました。

　1810 年、バベッジはケンブリッジ大学のトリニティ・カレッジに入学しました。　数学は幼年の頃からの得意分野でしたが、入学後、彼は大学のどの教員達よりも優っていることを悟りました。ヨーロッパ大陸ではすでに新しい数学の概念が発達してきているのにもかかわらず、ケンブリッジ大学では 200 年以前のニュートンの数学が支配的であったため新しい数学 (デカルトやライプニッツ) の啓蒙活動を仲間とともに行いました。この活動はイギリス全土に広がり、イギリスの数学研究を復活させる結果を招きました。以後 5 年間数学に没頭し大学の教授になろうと決心して論文も提出していますが、政治派閥に巻き込まれ、教授のポストに付くことはできませんでした。

　彼の性格の特徴としては、完璧主義だったということにあります。解決困難な課題に対して粘り強く立ち向かい、解決しては次々沸き起こる課題を追い求め、才能を遺憾なく発揮しました。しかし、頭脳で考察したことを実体にすることは苦痛だったようで、実体にするための時間を惜しんだ、といいます。

　彼の完璧主義からくるエピソードとして、当時の対数表の誤りを見つける出来事がそれを物語っています。航海用の膨大な対数表の中から表の数値の間違いを見つけ、それを激しく糾弾する癖がありました。対数表を出版している会社では、彼の侮辱的な投書を恐れたといいます。この件については、航海術が対数表に頼らざるを得ない時代であった、という背景を考えるとやり過ぎなところはあったにしても、学者として正しい行為ではなかったかという見方に現在は変わってきています。

　彼が対数表の誤りについて憤慨するもう一つの理由は、出版社からの「聖職者の手計算によって算出されているので間違いをおかさぬわけがない。」という返答でありました。

　この憤慨が原動力となって、対数表を機械で正確に算出できないか、というアイディアにいきつきました。

　これが、歯車式の「階差機関 (Difference Engine)」の発明となって、1822 年、王位学会に構想とその効果を手紙にしました。翌年、イギリス政府はこのアイディアの公共性を認め 1500 ポンド (現代の日本円にして約八千万円くらい) を補助しました。王位天文学会はこの論文に対して学会初の金メダルを与え応援したのでした。

　当時の機械工具や金属加工技術のレベルもあって満足したものは完成しませんでしたが、彼はこれを発展させて、もっと汎用的な「解析機関」という構

想を持つようになりました。結論からいうと、これが完成していたら、まさに世界初のコンピュータだったのです。

「解析機関」を完成させるには当時でいう国家予算規模の費用がかかるためアイディアだけに終わっています。

また、彼のこの他の発明業績では、オペレーション・リサーチの創始者、点灯式の灯台、眼球内部を調べる検眼境、通過中の列車が線路に及ぼす応力を測定する測量車など、200年経った今も当たり前に使っているものもあります。

彼は相当な変わり者でしたが、友人には恵まれ、ダーウィンなど同時期の学者とも深い親交がありました。

【コンピュータのモデル】

バベッジが残した業績の中で、コンピュータに関して不動のもの、それはモデルです。

入力部　→　記憶・演算　→　出力　というきり分けを解差機関で実現しようとしたものと考えられます。

```
                        ┌─────────────┐
                        │  中央処理装置  │
                        │    ミル       │
┌──────────────┐  →    │             │   →   ┌──────────┐
│   入力装置     │       │ 制御処理装置   │       │  出力装置  │
│（パンチカードなど）│  ←    │ 記憶装置(ストア) │       └──────────┘
└──────────────┘       │  演算装置     │
                        └─────────────┘
```

データやプログラムの長期記憶となる外部記憶装置のヒント

ストリートオルガン用のミュージックロール

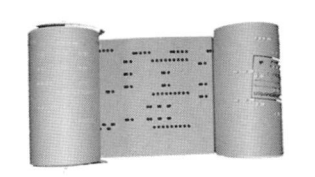

紡績機やストリート・オルガン、オルゴールのように、パンチしたカードを解読することで、生地の模様や演奏曲を変えることができるというアイディアは、後の汎用機のパンチカードにも利用されました。

汎用機で使われていたパンチカード

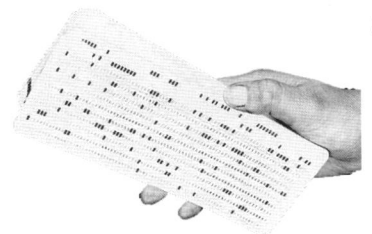

汎用機のパンチカードは、プログラマが描いたプログラムをパンチャーというパンチ専門職の人の手で入力されました。キーボードによる腱鞘炎は、このとき問題になり、OCR技術を推進することになります。

また、パンチャーに渡すプログラムが描かれた用紙のことをコーディング用紙といいました。

バベッジは、コンピュータの原理を発明した人として英国では記念館が有ります。そこには、バベッジが残した設計図を基にコンピュータの原型が復元されています。バベッジが設計考案した計算機は、コンピューターとは言わず、機械式計算機は階差機関（Difference Engine）と言います。

バベッジの階差機関は、サイエンス・ミュージアム (Science Museum)：イギリスのロンドンにある国立科学産業博物館 (National Museum of Science and Industry) に属する科学博物館に展示されています。

バベッジ以後の時代

産業革命前までは、イタリアが計算大国でした。現在、会計に使っている貸し方、借り方という簿記は、イタリアで生まれ、当時は会計計算のメッカでした。

しかし、産業革命が英国で起こると、世界の中心は西欧から英国に移ります。

とはいっても、ヨーロッパ大陸の経済力や支配力が衰えたのではなくて、近代をリードするニュースや話題が英国に溢れていたのでした。次々に発明される近代的な英国の機械と、英国なんぞに遅れてたまるか、という気構えが人々を活気づけました。こうして世界は、産業革命とともに近代化を目指したのです。

そのような中にあって、依然、身分制度は強く、大陸では貴族、英国では貴族とジェントリーが支配階級のトップを占めていました。バベッジが生きた時代は、どんな天才であろうとも一貴族にはかなわなかった、という時代です。

幸い、英国では産業革命で成功した中間層と労働者との極端な貧富の差がなくなってはいました。これに伴って身分の仕切も厳格なものではなくなっていきました。

一方、英国は島国のために資源に厳しく、貿易と植民地政策によって発達を続ける以外に他国と渡り合うすべはありませんでした。つまり英国との貿易は船便以外になく、海軍と航海術ための正確な計算が重要性を増すようになります。

航海術は、星座を使った対数計算を使っていました。さらに、この時代には郵便制度ができます。航海術の対数計算も、郵便切手の値段もバベッジが深く関わることとなり、オペレーション・リサーチというシミュレーションで解明する方法を発明したのもバベッジでした。

エイダ (Ada Augusta,Countess of Lovelace)
1816 年〜 1852 年 イギリス貴族、女性

宮廷詩人バイロン卿の一人娘。本名、オーガスタ・エイダ・バイロンで彼女の母は彼女の生後 1 カ月後バイロン卿と離婚。このため、一度も父バイロン卿を見ることはありませんでした。結婚してからはラヴレース伯夫人となりました。バベッジの解析機関を支え、「最初のプログラマ」または世界初のソフトウェア開発者として歴史上不動の地位を誇っていましたが、彼女に対する研究が進むにつれ最近は事情が少し変わってきました。

幼年の頃より数学に関心を持ち、ド・モルガンの法則などをある程度習得することができました。

バベッジの解析機関をイギリス国内で紹介するとともに、バベッジが考えた入力装置を発展させてプログラミングという作業を想像上ではありますが試みたのでした。その結果、サブルーチン、ループ、ジャンプなど、何度も繰り返し出現する命令の連なりを発見し、ライブラリに登録していつでも利用できるよう考えた、とも伝えられています。特にジャンプ命令は IF 文を駆使し、現在のプログラミングと変わりない思想、設計が完成されていた。実はこれらも完成させたのはバベッジであってエイダではない、ということもわかっています。なのにどうして誤解されて伝えられることになったかというと、当時の階級、貴族と貴族以外の関係による力学がそうしたのだという現実がありました。

彼女は、博打に手を出したりして相当額の借金をしましたが、父バイロン卿と同じ 36 歳の若さで癌のため死亡。

1970 年代に、米国国防省が開発して完成した高級言語に Ada の名がつけられた。

ガウス (Carl Friedrich Gauss)
1777 年〜 1855 年 ドイツ

　数学者としては最大級の天才でした。10 歳の時の有名なエピソードとして、1 から 100 までの数を書いて、それを足して答えを出す、という設問に彼は即刻 5050 という解答をしました。計算内容は、1 と 100 を加算して 101、2 と 99 を加算しても 101、3 と 98 を加算しても 101・・・・・101 が 100 だけあるので、101×100=10100。これを 2 で割ると解になる、との説明でした。教員 J.G. ピュットは感服しハンブルクから算数の本を取り寄せてガウスに与えたといいます。

　彼を天才として最初に認めたのは、彼が 18 歳のときのバーテルス先生でした。ピュット先生もバーテルス先生もガウスのために有力なパトーロンが現われると思っていました。しかし、パトーロンは現われることなくそのまま家業の石屋を継ぐことになる運命でした。彼は当時の強い社会的制度を跳ねのけ、自ら 1788 年高校に入学すると待望のパトーロン、ブラウンシュワイク公の保護を受けることとなりました。

　その後は期待通り順調な天才ぶりを発揮し、1807 年、ゲッチンゲン大学の天文学教授と新しい天文台の台長に任命されると、彼は死ぬまでそこに留まり多くの研究をしました。

　本書のガウス法は、もちろんですが、物理学や天文力学にも多大な貢献をしています。

　当時、数学者はこぞって微積分の研究を仕事としていましたが、ガウスだけは、あたかも将来のコンピュータやプログラムという世界を予言していたかのように、筆算を使って解を得る手法をいくつも発見していました。

・・・

ブール (George Boole)
1815 年〜 1864 年 英国

　ブールは、イギリスの貧しい階級に生まれました。彼の父は靴屋でしたがブールにラテン語やギリシヤ語を教えました。16 歳からの 4 年間、2 つの小学校の補助教員を務めて家計を守りましたが、数学に興味を持ち徐々に勉強しました。数学を勉強するきっかけとなったのは、当時、数学の書籍が他の分野の本よりも安かったからだ、と伝えられています。

　20 歳になって青年ブールは、学校を開きましたが教科書があまりに粗末な内容だったので、ますます数学の勉強をすることになったようです。彼のこの時期に、ライプニッツの夢を記号論理学によって実現できる、という確信を持ち、推論過程を二値 (真と偽) に置き換える試みに着手しました。それまではアリストテレス以来営々と三段論法による証明方法が繰り返されてきました。A と B とが正しい。B と C とが正しい。よって、A と C とが正しい。というようにです。彼は真理値表によって「かつ」や「または」の発見により、推論を単一の記号にすることができて、その記号化した規則を再び複雑な推論に適用させながら、次の推論を記号化していく、論理学を考えたのでした。

　当時は、0 と 1 による二進数が神と無とを意味していました。したがって研究内容も道徳上、神学上のお命題を分析することになるので、彼の重要な研究は無視され、1 世紀後のシャノンによって認められるまで埋もれていました。

　ブールが研究した試みは、ブール演算として今日のコンピュータの演算処理に利用されています。

コンピュータ技術史から見た明治維新

　世界史には、大きな節目があります。その国が、節目をどう体験するかによって、その後の国の形が大きく変わります。

　世界史から見ると、日本の明治維新は、絶妙のタイミングであったことがわかります。

　バベッジやブールが活躍した時代は、歯車を使った試行錯誤の時代でした。コンピュータという概念はあったかもしれませんが、実現には、ほど遠いものでした。

　コンピュータが現実的になるのは、電気を使うようになってからです。国家規模によるインフラ整備や電気の普及、それに米国ペリーがもたらした電信が電話網へと変化する新しい技術は、維新という革命期と重なって何の抵抗もなく浸透できました。

　もしも維新の時期がもたついて、電話網と電気の普及が遅れたならば、日本は欧米から取り残され先進国の仲間入りを果たすことはできなかったことが、年表からわかるでしょう。

　パソコンは、第二次世界大戦後の新しい技術ですが、欧米の長い歴史の先に存在しています。

　明治の先人の基礎があったおかげで欧米の技能が蓄積され、コンピュータ技法が到来しても難なく受け入れることができる耐性を構築していたことを、改めて理解することができます。

チューリングマシーンからパソコン登場まで

　ドイツの数学者ダフィット・ヒルベルトは、1900 年 8 月 8 日、パリで開催された第 2 回国際数学者会議 (ICM) の公演で、数学が現在と将来に渡って解決できる問題と、未解決の問題を提起しました。

　数学界では、彼が掲げる問題解決を研究する人たちをヒルベルト派といいました。

　その中には、ノイマン（米）とチューリング（英）がいました。チューリングマシーンは、ヒルベルトの問いに対する解答例として考案されました。

　ヒルベルトの仮説を簡単にいうと、記号化された数学は、人の思考過程を記号化することで、ライプニッツの夢を実現する一翼になるのではないか、ということでした。

　ヒルベルトが提起した課題には、明らかになっている命題で構築した理論式ができたならば、自動的な真偽（二値といいます）が日常の出来事でも応用ができるのではないか、という提案がありました。

　これに対して、チューリングは、簡単にいうと「私は嘘つきである」（無矛盾の命題）を真として扱うことができるか、それとも偽であるのか、判断できないことを指摘しました。同時に、真偽のような二値しかないからできる架空のマシーンを考案し、2 進数によるコンピュータの可能性を証明しました。

　しかしながら、第二次世界大戦の突入は、数学とコンピュータの可能性を追求する学者たちの風景を一変させました。ヒルベルトは、ナチに協力してしまいます。

　チューリングは、自国の防衛のために暗号解読機コロサスの中心的エンジニアとして開発に従事させられました。米国ノイマンは、真空管を使った汎用コンピュータの製造を担っていました。ドイツのツーゼは、ナチへの協力を行い、ドイツ国内の大学の研究所向けにコンピュータを製造していました。

　第二次大戦中に現代のようなコンピュータの開発にいち早く成功したのは、ツーゼだけでした。ツーゼのコンピュータがドイツの戦力となることを恐れた米英は、こぞってツーゼのコンピュータが設置されているドイツの大学を破壊し、その存在を示す形跡すら消してしまいました。

　こうして、コンピュータを最初に創った人は誰か、という問いは、大戦の悲劇とともに謎のまま戦後を迎え、IBM 社がツーゼから特許を買い取り、汎用機を製造して世界を制覇します。

チューリング (Alan Mathison Turing)
1912 年～ 1954 年　英国

自らチューリング・マシンを考案し、デジタル・コンピュータの基礎を構築しました。世界初のコンピュータはとらえ方によって違います。戦時中、コンピュータの製造は軍事機密事項であったため現在も公開されていない多くの部分があるために「世界初」の軍配はドイツ、英国、米国のどちらともつかないでいます。しかし、すでに大戦前にアラン・チューリングはチューリング・マシン（仮想的装置）による 1936 年の「On Computable Numbers,With an Application to the Entscheidungsproblem: 計算し得る数について、決定問題への応用」という論文をロンドン数学協会誌に発表しています。これは、ヒルベルトの提出問題に答えるかたちでまとめられていますが、紛れもなく彼が天才であることを証明する論文となっています。

3 年後、第 2 次大戦勃興とともにチューリングは外務省の通信部に配属され暗号解読機「コロサス」の製作リーダーとなりました。コロサス解読機は 1943 年 12 月に第 1 号が完成し、現在わかっているだけでも 10 のモデルがあります。情報公開されていませんが 1940 年代まで使用されていたようです。

戦時中ドイツ空軍がコンベントリーを爆撃する計画も事前に察知していたくらい優秀な解読機でありました。ドイツの暗号が解読されていることをドイツ側に漏れることを恐れて、当時の首相チャーチルは市民に避難命令を出さなかった、という説があります。

一方、チューリングはこのようにドイツ軍が英国に侵攻してくることを知る立場にありましたから、彼は、彼の全財産を銀の延べ棒に替え、乳母車に隠してブレッチリー・パークの森に運び二箇所に分けて埋めました。戦後、銀の延べ棒を掘り出そうとしましたが彼自身どこに隠したか埋めた場所を忘れてしまって今でも見つけることができていません。

マラソン選手としても有名でしたが、銀の延べ棒を埋めるときに腰を痛めオリンピック出場を断念しています。

また、戦前フォン・ノイマンとも面識がありプリンストンの高等調査研究所で共に研究したことがあります。以後、フォン・ノイマンの研究やコンピュータの進むべきアーキテクチャーに多大なる貢献をすることになりました。

チューリングは天才でしたが、当時としては犯罪であった「同性愛者」でもありました。当時の常識として同性愛者は死罪に当たる重罪でした。彼が同性愛者であることがわかったのは戦後でした。同僚や政府関係者はこの事件が戦後であったことに感謝したといいます。それくらい彼の仕事は英国にとって重要でした。

同性愛者であることが警察に知られたのは、ある事件からでした。無職の青年がチューリングの自宅に泥棒に入り部屋を荒らしました。犯人をチューリングは知っていたのですが警察には報告をしませんでした。これが発端となって彼は刑事罰となってしまいました。

しかし、彼が戦時中に英国を救った功績により、死刑は免れ、女性ホルモンの投与に従うという条件で執行猶予が宣言され、42 歳の悲劇的な死を迎えるまで胸をふくらませるという屈辱的な薬品が投与され続けました。

刑事罰となってからも生物学における数学的基礎を研究テーマとして意欲的に開拓していましたが、1954 年、台所にある食材や機器を利用して青酸カリを生成するとリンゴにそれを塗って呑み込み自殺しました。彼はこれを無人島ゲームの一環として行ったのでした。

同性愛者であることが悟られる以前からも、彼の奇っ怪な行動は有名でした。花粉症のため研究所までガスマスクをしたまま自転車に乗って通勤していましたし、笑い声はあまりにもカン高いために人々を不快にしました、とあります。

死後、チューリングの母親は彼の名誉回復のために手を尽くしたが英国政府は許しませんでした。彼の名はチューリング・マシーンと共に歴史上消えることのない重要な功績を残しました。現在でも彼の功績は、毎年開かれる計算機学会（ACM：Association for Computing Machinery）の計算機分野において最も学術的貢献をなしたものに対して、チューリング賞が贈られていることでもわかります。

なお、最近のチューリングについての英国の学術本や紹介記事で彼は、自殺による死亡とはなっていません。

チューリング・マシーン

　　下記のような文字列がある。命令は４つある（命令群参照）。プログラムは４文字からなっている。例題にならって、命令文を実行した場合、下記の例題１と例題２の文字列はどのように変化しているか。

例題のデータ（テープのイメージ）ＯＯＯＸＸＯＯＯ
読取 / 書込ヘッド

命令群
Ｏ　ＯをＸに置き換えよ
Ｘ　ＸをＯに置き換えよ
Ｒ　右へ一つだけ進め
Ｌ　左へ一つだけ進め

命令文の例　５ＸＬ９
５（１）命令番号５
Ｘ（２）ＯならＸに置き換える
Ｌ（３）左へ一つだけ進め
９（４）命令番号９へ進む

例題のデータの結果　ＯＸＯＸＸＯＯＯ

例題１　ＯＯＯＸＸＯＯＯ

命令文（コード）トレース

```
1 X O 2    OOOXXOOO      XXXOOOOO
2 O R 3    XOOXXOOO      XXXOOOOO
3 X R 4    XXOXXOOO      XXXOOXOO
4 X R 4    XXXXXOOO      XXXOOXXO
4 O X 5    XXXXXOOO      XXXOOXXX
5 X R 5    XXXXXOOO      XXXOOXXX  命令終了
5 O X 6    XXXXXOOO
6 X L 6    XXXXXOOO
6 O X 7    XXXXXOOO
7 X O 8    XXXOXOOO
8 X L 8    XXXOXOOO
8 O R 1    XXXOXOOO
```

チューリング・マシーンの例題の解答例

例題1　　　OOOXXOOO は、XXXOOXXX になります。

　アラン・チューリングが考案したチューリング・マシーンこそは、現在のコンピュータが内部で処理を行っている仕組みと何も変わりません。

　アラン・チューリングは、ヒルベルトの疑問に対する解答として発表されました。

　もちろん、本書で紹介しているチューリングマシーンのモデルは、アラン・チューリングが示したチューリング・マシーンそのものを示してはいません。アレンジして簡潔にしていることをご了承ください。

　チューリング・マシーンを使ってアラン・チューリングが証明したかったことは、真偽による二値で解決できるのは、数学的な無矛盾の命題なのであって、命題の中に矛盾が含まれている自然界では限界があるということでした。

　わかりやすく言うと、「私は嘘つきである」という命題の真偽が証明できないにもかかわらず、例えば、「私は、男性である」という命題の真偽は図ることはできない、というものです。

　しかし、チューリング・マシーンのように、命題に矛盾が含まれない場合は、自動化が可能であることを数学的に証明しました。

　彼が論文を発表してから、コンピュータを思考してたエンジニアおよび研究者は、アラン・チューリングが提唱するチューリング・マシーンを研究しました。チューリング・マシーンを現実的に完成すれば、自動計算という夢が一歩近づくことを理解していたからです。

ノイマン (John Ludwig von Neumann)
1903 年〜1957 年　米国

　ハンガリーのブタペストで銀行家の子として生まれました。1930 年に米国に移住し、「ヒルベルトの 23 の疑問」の中の第 5 問題を証明しました。数学学会のつながりで、アラン・チューリングとは面識がありました。

　コンピュータ界では、プログラム内蔵型を別名ノイマン型といって彼を称賛するくらい、汎用機械を推進した人物として世界的に有名になりました。ただ、プログラム内蔵型のアイディアはノイマンの功績か否かという議論は、第 2 次世界大戦の軍事機密と共に解明されていない点があったため特定できないところもあります。

　当時米軍からの依頼で機密にコンピュータ (エニャック :ENIAC) を開発していた中心人物は、ジョン・W・モークリーと J・プレスパー・エッカートでした。エニャックは完成し、科学数値計算機としての汎用性を備えていたとあります。

　戦後、モークリーとエッカートは、世界初のデジタル・コンピュータのアイディアは二人にあると主張し、プログラム内蔵型のアイディアも　ノイマンではなく彼らであると主張するようになりました。アイディアそのものはアラン・チューリングが 1936 年に発表していますが、実際に実現したのはノイマンらの EDVAC 構想の報告書が最初でした。

　しかし最近になって、戦中戦後の史実が公開される中、プログラム内蔵型コンピュータは、ノイマンのアイディアだとしても、真空管で作動したというコンピュータの製造には無理があり、当時の設計図を元に真空管コンピュータを製造してみると、数分間で 20 個もの真空管が故障し、コンピュータとしては使い物にならなかったことが明るみになりました。

　つまり、コンピュータはドイツのツーゼが世界で最初に実現していたが、ツーゼはナチ協力者であることから、ツーゼよりも米国の天才であるノイマンを後世に残すべきとの政治的配慮から、こ

とあるごとにノイマンを引き合いに出すようになりました。

　ノイマンが比較的、彼の興味の赴くまま仕事を遂行することができたのは、弾道計算という背景以外に彼の人柄によるところが大きいようです。ノイマンはジョニーの愛称で大統領にも軍人にも人気がありました。複雑で困難な仕事を分かりやすく説明することができたし、威張るところがなかったと伝えられます。

　そのため、何とか彼が実現しようとしている仕事に協力しようという気運を作り上げることができたのだ、といいます。

　とにかく、彼は理論上だけだはなく実際のコンピュータを作り上げ稼働させることができた第 1 人者でありました。

　また、記憶力も並みではありませんでした。

　父の教育で幼年の頃から記憶力の訓練を受けた彼は、一度読んだ本なら全て暗唱できましたし、学者が数日かけて計算したものをわずか 10 分で暗算して見せることもできました。1957 年、癌で死にましたが、癌の苦痛よりも自分の知的能力のなさに非常に苦しんでいたとも伝えられています。ハンガリーでの幼時体験から右翼的な政治思想を堅持していました。

　しかし晩年、コンピュータを弾道計算に使用するよりも、チューリングが最後のテーマにしていた生物学的解明の利用方法を模索していたとも伝えられますが、病床にあって、彼が機密を最後に漏らすのではないか、という米国政府の心配からノイマンに寄ることができたのは医師団と特別許可が下りた連絡係だけでした。

ツーゼ (Konrad Zuse)
1910 年～ 1995 年　ドイツ

　ツーゼは、ドイツのベルリンに生まれました。ドイツに生まれ、第 2 次世界大戦に巻き込まれたことが、彼の悲劇の始まりでした。

　ツーゼは 18 才の頃、デザイナーになるため建築学を学び、ベルリン工科大学で土木工学を専攻しました。

　1934 年、静的不確定構造理論を学んだことがコンピュータの発明のきっかけとなりました。それは線形方程式として知られる代数に基づいたもので、それまで技術者は屋根を支える構造体の設計に線形方程式を多数解く必要がありました。これまで存在した計算機やパンチカード機械はいずれも不十分で、彼は劇的に速い計算を行うマシーンを必要としていました。

　1935 年、大学の土木工学科を卒業するとベルリンのヘンシェル航空機会社の仕事をしながら、1936 年、自分自身のコピュータを製作することを決意しました。ツーゼは独自にコンピュータの基礎を二進法におきました。電磁式のリレー (継電器) は二進法の単位を表すのに絶好の道具でした。第二次世界大戦前に彼の最初のコンピュータである Z1、Z2(改称前は V1、V2) が完成しました。(両機とも戦争中に破壊) ツーゼの次期モデルは航空機設計上の問題のひとつである翼のフラッタリング (振動) を解決することができるだろうと考えられ、戦争中であるにもかかわらず彼は、ドイツ国内でコンピュータを開発することが許されていました。

　ヘンシェル航空機会社はコンピュータに格別の興味を示していませんでしたが、翼の正確な設計を助けるための計算については援助をしてくれたのでした。

　ツーゼは会社にコンピュータのプロトタイプを製造することの承認を得、1941 年、Z3 を製造 (戦争中に破壊) しました。これはプログラミングによって制御された最初の汎用デジタル・コンピュータとなりました。Z3 は電子機械式で真空管を使用していません。(ENIAC が 17,468 本の高価な真空管で作られているのに対し、わずか 6,500 ドルで製造できたといわれています。)

　その後、真空管を使った電子式でより大きなメモリーを持つコンピュータの製造を構想し、彼の作った最も高性能なコンピュータ Z4 が完成しました。1950 年、Z4 はチューリッヒ工科大学に貸し出され何年にもわたりヨーロッパ大陸における唯一のコンピュータとして存在し、複雑な数学の問題や工学上の問題を解くことができました。(これも空襲により破壊され、現存せず。)

　ドイツ国内にあって、ハードウエアの開発は戦後ほとんどできないため、ツーゼはプログラミングへと方向転換しました。1945 年、最初のプログラミング言語「プランカルクル」を開発したのでした。これは変数のアイディアを含み、後に構造化プログラミングと呼ばれるものの先駆けとなったプログラミング言語です。

　彼は 1949 年、ツーゼ KG という小さな会社を作り小型科学技術コンピュータを開発し、1966 年まで会社経営に関わり、最後は KG の非常勤顧問のまま 1995 年、死亡しました。

　戦後、米国では真空管を主体としたコンピュータだったために、故障が多く、実際には使い物になりませんでした。

　そこで米国 IBM 社はツーゼが持つ特許を購入して、トランジスタを主体としたコンピュータの製造を行い、汎用機の製造へと展開することができたのです。

ホッパー (Grace Murray Hopper)
1906 年〜 1992 年　米国

ニューヨークに生まれ、1928 年にヴァッサー女子大学を卒業。イェール大学大学院に進み、1930 年に数学と物理学の修士号を取得。ヴィンセント・ホッパーと結婚。1934 年には同大学院にてオイスティン・オアの指導のもと、女性初の数学の博士号を取得。1943 年までヴァッサー女子大学助教授として数学を教えていました。

その年に突然彼女は、海軍予備役に入り、1944 年には中尉となり、同年よりハーヴァード大学に勤務し、ハワード・エイケンのもとでコンピュータ「ハーバード マーク I」用のプログラム開発に携わることになりました。

戦後、引き続きハーバードにて「マーク II」、「マーク III」(マーク III はプログラム内蔵方式計算機である) の開発に参加しました。このとき、後に有名となるバグにまつわる逸話が生まれています。

あるとき、マーク II のリレーに蛾が挟まって機械が作動しなくなったようでした。この蛾は作業日誌に貼り付けられ、「実際にバグが見つかった最初の例」とホッパーは日誌に書き込んだ、とあります (現在、この日誌はスミソニアン博物館のナショナル・ミュージアム・オブ・アメリカン・ヒストリーに収蔵されています)。ホッパーは後々この出来事を好んで語ったため、プログラムの不具合を意味する言葉としての「バグ」という用語が広まることとなりました。

ホッパーの業績は、故障ばかりする当時の米国のコンピュータと納期通りに行かないプログラミングの工期を、バグのせいにして責任を回避する方便を作ったことではありませんでした。

彼女の業績は、COBOL という高級言語を作ったことにあります。

大戦後、米国政府が苦悩したことは、大量に抱えた兵士への給与の計算でした。

階級や年齢、所属といった可変的な参照一覧と実際に軍事活動した日数を個別に計算して、正確な明細を数十万単位の軍人に書き出すということは、前代未聞のことでした。

当時のコンピュータの能力は、バグばかりでなく、プログラミングを書いてまともに実行させることも覚束ない状況でしたが、彼女と彼女のチームは、COBOL 言語を開発し改良して完成し、さらに COBOL の仕様は、著作権を主張しないフリー・ソフトとしたのでした。

その結果、著作権フリーの COBOL は、IBM が開発し、汎用機と一緒に独占販売していた FORTRAN 言語にかわって、世界中の汎用機には、COBOL が広がり、オンラインや給与管理システムなどのビジネス・アプリケーションが急速に発達することとなりました。

こうして彼女と彼女のスタッフが製作した COBOL 言語のおかげで、汎用機と COBOL のコンパイラは、分野を問わず世界中に広がり、同時にコンピュータを自由に使ってみたいという機運を作り出しました。

1986 年、彼女が 60 歳の時、海軍を退役し 1992 年に死去するまで、コンピュータの標準化の重要性を解いて回ったといいます。

彼女の標準化という主張は、その後のアップル社やマイクロソフト社に引き継がれ、テキストコードなどのコードの標準化を実現することとなり、現在はユニ・コードとして活かされるようになりました。

ジョン・ジョージ・ケムニー
（John George Kemeny）
1926 年～ 1992 年　米国

トーマス＝カーツ
（Thomas Eugene Kurtz）
1928 年～　米国

出典
http://www.i-programmer.info/
http://www.cis-alumni.org/TKurtz.html
「BASIC でわかる数学」

　第二次世界大戦は、結果として多くの天才や研究者を米国へ避難する形で移民させることになりました。西欧から米国へその中心が移ったのでした。

　コンピュータは、国勢調査の集計として活躍していましたし、戦後は社会主義国と資本主義国とのイデオロギーによる競争社会でもありました。伝統的な当時のソ連邦 (ロシア地方一帯の社会主義国) は1957 年、スプートニク 1 号の打ち上げに成功し有史上初の人工衛星となりました。米国でもロケット開発を推進していましたが、ソ連邦に遅れをとっていました。米国ではこれをスプートニク・ショックといいます。米国では、地球は四角いとか、平たんである、雲の上には天使や神が存在している、と考えている人たちが多数いました。ソ連邦の史上初の宇宙飛行士ガガーリンは「地球は青かった。」で日本でも有名ですが、その後に続く言葉は日本では知られていません。「雲の上を飛んだけど、天使も神もいませんでした。」というガガーリンの発言が、米国民をして、宇宙へとかりたたせる原動力になりました。教育のレベルアップが高度な科学王国になることができるというスローガンは、各地に点在していた数学者を奮い立たせ、特に、数学教育の見直しが始まりました。

　それまで微積分を頂点とした教育体制を、集合論や統計学、コンピュータのための離散数学などに切り替えるようになりました。ライプニッツの時代もバベッジの時代もそうですが、時代の変革は数学教育の変革でもあることを米国政府は理解していましたし、何が何でもソ連を抜いて、自由主義と民主国家の優位を証す必要がありました。

　そんな中で、米国のダートマス大学では、なんとか学生全員にコンピュータを使わせてプログラミングを学習させることができないか、という検討がされるようになったのです。すでに一般企業では、ホッパーらによる COBOL による財務の電算化が始まり、数値計算では FORTRAN が浸透していましたが、ダートマス大学では科学や工学に専攻する学生は 25%に過ぎませんでした。この未開拓な分野に取り組んだのが、数学者であるジョン・ケムニーとトーマス・カーツの 2 人でした。彼らの目的はコンピュータ科学者を育成することではなくて、できるだけたくさんの学生にコンピュータを知ってもらうことでした。

　この当時はコンピュータを購入するとなると、かなり高価でしたので、コンピュータを使う方法は、

コンピュータの端末機があるセンターまでプログラム（パンチカードの束）を運搬し、実行依頼をかけなくてはなりませんでした。大学からセンターまでの 200 キロメートルを列車に乗ってパンチカードの束を持って運搬し、結果が出るまでには何日も待たなくてはならなかったのです。

　タイムシェアリング・システム（TSS）という遠隔地であっても使用できるシステムが開発され、ダートマス大学は、ジョン・ケムニーとトーマス・カーツの強い意見からこれを導入することになりました。

　ジョン・ケムニーの大学での研究は、アインシュタインの計算結果を検算することでした。アインシュタインがもたらした絶対・相対性理論は、それまでのニュートン力学を一新しましたが、実際に利用するためには、ニュートン力学と比較計算する必要がありました。そのためには、精度が高いコンピュータばかりでなく、プログラミング環境が必要だったのです。

　大学で助手になってくれそうな学生を探そうにも、学生には COBOL も FORTRAN もどちらも理解できないため、プログラムのコマンドもアルゴリズムも全容をつかむことなく、やみくもにプログラムを作成している様を見るにつけ、コンピュータ時代を迎える将来を憂えることとなり、根本的な対策を考える必要性を痛感していました。

　このような背景から彼らは、逐次コマンドを送信しながら実行するインタープリタ型の言語を開発するところとなり、プログラミング訓練用としてプログラミング言語を開発しました。

　それが BASIC 言語だったのです。BASIC は、日本語で「基本」という意味ですが、Beginner's All-purpose Symbolic Instruction Code の頭文字をとって無理矢理 BASIC にしたともいわれています。

　一種の言葉遊びなのですが、ジョン・ケムニーとトーマス・カーツは、パブリックドメインとして BASIC を配布しました。これがスローガンになって全米に広がると、このコードをパソコンにおきかえて一儲けする人が出てきました。それがビル・ゲイツです。もともと無償だった BASIC は、パソコンの普及とともに広がり、ビル・ゲイツが設立したマイクロソフト社の手によって有料化され、パソコン＝BASIC の図式が定着しました。日本でも漢字 BASIC などという名称で F-BASIC、N88-BASIC など「BASIC を知らないもの人にあらず」の掛け声があったくらい初期のパソコンにはなくてはならない物として普及しました。

　しかしながらジョン・ケムニーとトーマス・カーツは、BASIC が開発言語からみると亜流であることをよく知っていましたし、教育用言語であって、BASIC をいくら拡張したところで開発言語には不向きであることもわかっていました。

　教育用として開発したパブリックドメインの BASIC は、彼らの許可なく勝手に商品となってからは、めまぐるしい変貌を遂げ、BASIC の方言が出回るようになると、BASIC を考えた彼らにとっては厄介な問題と映りました。つまり BASIC の変種が、プログラミング教育を妨げるようになったのです。

　結局、ジョン・ケムニーとトーマス・カーツは PASCAL 言語に匹敵する TRUE-BASIC を開発するところとなり、そのための会社も設立しました。それ以上に、彼ら二人のおかげでプログラミングを活用した教育が有効であることを悟った数学者が、コンピュータ・サイエンスや離散数学という科目を全米に展開することができました。

　実のところ、パソコンが普及しパソコンで自分たちが考案した BASIC が変種となって稼働することを、二人は知りませんでした。パソコンを目の前にして、BASIC が稼働するモニターを見て、二人はとても感動していたと伝えられています。

　パソコンができて、彼らの BASIC が稼働してから、世界が大きく動き出し、コンピュータ教育に着手していた米国が、IT 産業の主導権を握るようになったのは、紛れもなく彼らの功績によるところです。

i-4004 プロセッサの開発

1971 年から

開発者　日本ビジコン社および米国インテル社の共同開発

日本ビジコン　嶋　正利

インテル技術者　テッド・ホフ、フェデリコ・ファジン

　i-4004 が完成する前のコンピュータは、トランジスタの組合せによって実現していました。

　このため、1 台のコンピュータのサイズは、20 名の社員が勤務するオフィス面積を必要とし、コンピュータからもたらされる熱を下げるために、冷房設備を必要としていました。

　例えば、当時一台が 3 億円した日立製の HITAC　M-180（1974 年ころ）は、CPU は 2 個、最大メインメモリ 16M バイトでバッファ記憶容量は最大 64K バイトでしたが、機材の設置は、1 フロアーも占有させなくてはなりませんでした。プリンタもドラム式のラインプリンタが主流で、アルファベット以外の表示はできませんでした。

　プロセッサの素地をセラミックにして、1 個の電子のあるなしを 1 ビットとするようにしたならば、高速で小型のプロセッサができるであろう、と日本ビジコン社が発想し、資金と開発をインテルに依頼したことが i-4004 の完成となりました。

　i-4004 は、小型ながら 2,300 個のトランジスタを集積していたことでもわかるように、完成と同時にプロセッサの量産化と合わせて、パソコン製造までの距離を縮めました。

マイクロプロセッサの衝撃

　業績が個人にではなく研究・開発チームに与えられるようになってきたように、プロセッサの開発も共同で行う時代に移行してきました。i-4004 の開発は、その代表です。

　i-4004 の成功は、一台が 100 万円していた計算機を数百円にまで引き下げ、あらゆる制御機器の価格を減額しました。

　コンピュータがパソコンに進化するためには、i-4004 の製造を起点としています。

　自宅にあるテレビをモニターにして、タイプライターのような入力装置があれば、極めて個人的な用途でコンピュータを試したり、経験することができるだろう、という思いとケムニーとカーツの BASIC を体験してみたいという思いが米国全土で広がりました。

　その中でも、後のアップル社の創設者であるウォズニャックは、パソコンの組み立てキッドを販売し、ワンボックス・パソコンをジョブズと実現しようとしていました。

　ウォズニャックが設計したワンボックスパソコンの設計図を持ってジョブズが資金交渉した相手の中に、インテル社のマイク・マークラがいました。マイク・マークラはインテル社のマイクロプロセッサ製造の成功体験者でしたが、ウォズの設計図を見て、アップル社への投資を決め、アップル社が創設されます。

ワンボックス・パソコン　**アップルⅡ**
1977 年
製造販売　アップル・コンピュータ社

　インテル社のマイクロプロセッサの成功から、米国は投資を行う資金に対して税金をかけない政策を行い、ベンチャー企業を支援しました。

　その代表格となったのが、アップル社でした。

　ウォズニャックが設計したワンボックス・パソコン（アップルⅡ）は、ヒットしBASIC 言語と BASIC 言語によって開発されたゲームが流通するようになりました。

　アップル社が提供する BASIC 言語のための教室を経営したのがジェフ・ラスキンです。

　その噂にウォズニャックとジョブズは駆けつけ、その日のうちにラスキンの BASIC 教室と会社を買い上げてラスキンをアップル社の社員にすると、間もなくラスキンの弟子であるビル・アトキンソンを社員に加え、リサとマッキントッシュの開発を行います。

スプレッドシート革命

```
B5   <U>  +B3-B4
Command: BCDEFGIMPRSTUW-
       A       B        C       D       E
1Year       1979     1980    1981    1982
2
3Sales      54321    59753   65728   72301
4Cost       43457    47802   52583   57841
5Profit     10864    11951   13146   14460
6
7
8
```

Apple Ⅱ で起動する **VisiCalc**
1979 年
開発販売　ダン・ブリックリン考案、ボブ・フランクストン設計

　本書の第 2 章で解説したパソコン用の「表計算ソフト」の第 1 号は、VisiCalc です。

　ダン・ブリックリンがハーバード・ビジネス・スクールの学生中に思いつき、友人のボブ・フランクストンとアップル用に開発して販売したのが最初です。

　以後、マイクロソフトの Multiplan（1982 年）、Lotus 1-2-3（1983 年）が発売されます。

　Multiplan は、ヨーロッパ市場で広がりました。ボブ・フランクストンの会社でアルバイトをしていたミッチェル・デイビッド・ケイパーは、ロータス社を設立し Lotus 1-2-3 は、米国と日本で市場を制覇しました。

　表計算ソフトに合わせてパソコンの市場は増大し、パソコンはゲームをするためのホビー機から脱却して、表計算を行うビジネスへと転換しました。表計算ソフトで表示される表を Spread Sheet と呼んでいたので、米国ではこの時期をスプレッドシート革命期といいます。

パソコンの登場

マッキントッシュ
1984 年から
開発販売　米国アップル社

LaserWriter II NTX-J
1989 年発表
開発販売　米国アップル社
PostScript　米国アドビ社

　現代パソコンの始めは、アップル社のマッキントッシュです。

　マッキントッシュが発売された時代は、コンピュータと言えば汎用機を指していて、IBM 社が世界の汎用機を制覇していました。

　そこへ BASIC が稼働するコマンド式のパソコンが登場します。コマンド式パソコンの開発は、アップル社が最初に開発して製品化しましたことは前述しました（アップル II 前ページ参照）。コマンド式パソコンは、スプレッドシートを実現する表計算ソフトとともに市場を拡大しました。

　マッキントッシュの開発は同じくアップル社が行いました。現在のようなコマンドレスでマウスによるアイコン操作ができるように、旧来のパソコンとは全くの別物にしてしまいました。

　アップル社は、全米にマッキントッシュの発売時に大々的な広告を行いましたが、期待したほどには売り上がらず、マッキントッシュは失敗したかのように思われました。

　しかし、日本でのマッキントッシュの販売は、同社からポストスクリプト・プリンタ対応のレーザープリンタとして発売されると爆発的に売れることとなり、アップル社を救いました。日本では DTP 革命をもたらし、日本の印刷業界を一新することになりました。

　その後、インターネット網と現代パソコンは新しい文化を産み出し、今日に至りました。

数学の理解を促進するためのツールの紹介

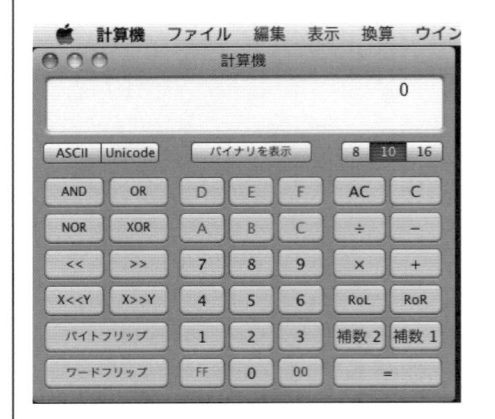

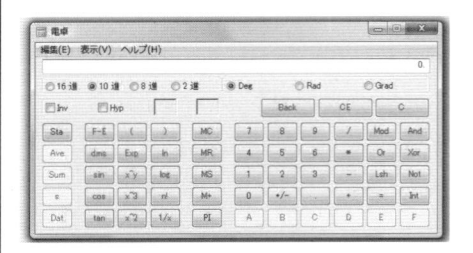

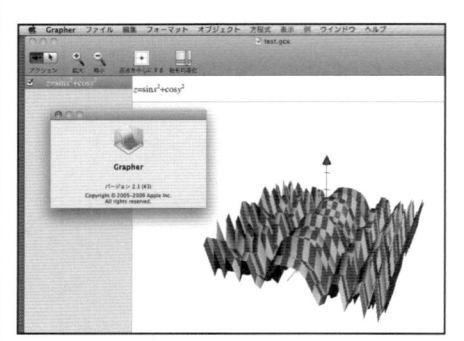

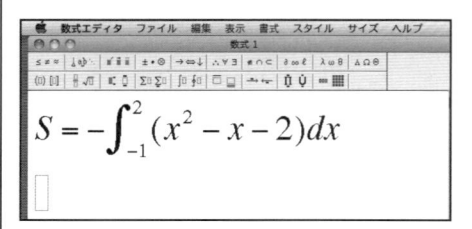

$$S = -\int_{-1}^{2} (x^2 - x - 2)dx$$

OS にもれなく付いてくる便利ツールの一つに、ソフト電卓があります。左上が MacOS X にある「計算機」という名称の電卓です。左下がウィンドウズに付いてくる「電卓」です。

どちらも、通常の電卓機能のほかに、開発者向けに進数計算機能があります。送受信号のバイナリを見て、正しく通信が行われているか、作成したアプリにデータを送信した場合の処理内容にミスがないか、など使うための用途は豊富です。

もれなく付いてくるというのは、無料で OS メーカーが提供していることを意味するのですが、その中でも際立っているのが、MacOSX に付いてくるグラファーというアプリケーションには、誰でも脱帽せざるを得ません。

2次元から始まって3次元の関数を入力するだけで、その関数が平面や立体では、どのように描かれるかを見ることができます。見える数学といってもいいでしょう。グラファーは、MacOS が 7 のときから標準で付いてきました。グラファーを使って数式とグラフ（チャート）の関係が理解できたら、フラクタル関数のような自然シミュレーションに手が届くようになるでしょう。

数学を語る上で数式を美しく印刷するためのツールも重要になります。

有料ではありますが、「数式エディタ」はその典型です。数式を描くためのワープロソフトなので、式を完成したからといって、何か計算を自動的にする訳ではありません。このソフトは、テスト問題を作成するときや論文を書くときの美しい数式表示を目指しています。

数式エディタで作成した数式を、コピペして、イラストレータやインデザインなどの他のワープロソフトに張り付け、美しい数式の印字ができます。マイクロソフトのワードの拡張ソフトとして付いてくることがありますが、正式には MathType（マスタイプ）という名称のソフト（Design Science 社製）です。

第３節　進数計算と逆ポーランド記法

コンピュータを理解する上で、進数計算（基の変換）と逆ポーランド記法は必須です。

進数計算から解説しましょう。

０と１を使って計算をするということは、具体的にどうするかを解説します。

10 進数で 44 という数を例に説明します。

44 は 10 を４倍、それと４の数を加算したので 44 であることを示しています。これは位取りを使うときのルールです。

式にすると、

$44 = 4\times10 + 4$　　位取りを考慮すると、$44 = 4\times10^1 + 4\times10^0$

と書くことができます。

10 進数は、10 になると繰り上げるので、使う数字は０から９までの 10 種類になります。

44 を５進数にすると、どうなるでしょうか。44 の中に５がどれだけあるか、そして余りはいくらか、という問題と同じです。５進数ですから０から４までの数字を使いますが、それ以外の数字は表示しません。

答えは 134（五）です。10 進数と区別できるように（五）を数字の後ろに置きます。試しに 134（五）を 10 進数に戻してみましょう。

$$1\times5^2 + 3\times5^1 + 4 = 25 + 15 + 4 = 44$$

44 になります。

このように、筆算を使って進数計算する方法を練習するところから始めることにします。

44 を２進数に変換する筆算をします。

```
44
```

```
2)44
```

44 と書いたら、図のように２と右括弧アンダーバーを描きます。これは 44÷2 という意味です。

```
2)44 ・・・0
  22
```

44÷2 との商 22 をアンダーバーの下に書き、あまり０を・・・の後に書きます。

```
2)44 ・・・0
2)22 ・・・0
  11
```

22 に再び右括弧アンダーバーと２を書いて割り算をします。商は 11、あまり０を・・・の後に書きます。

```
2)44 ・・・0
2)22 ・・・0
2)11 ・・・1
   5
```

11 に右括弧アンダーバーと２を書いて割り算をします。商は５、あまり１を・・・の後に書きます。

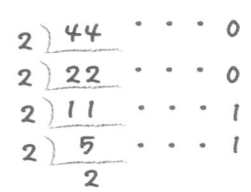

5に右括弧アンダーバーと2を書いて割り算をします。
商は2、あまり1を・・・の後に書きます。

2に右括弧アンダーバーと2を書いて、割り算をします。
商は1、あまり0を・・・の後ろに書きます。
もう2で割れなくなったら終了です。

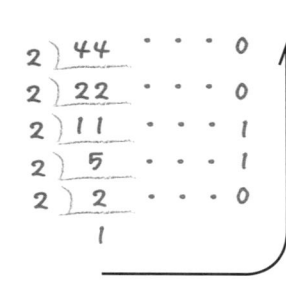

図のように矢印の方向から書き出します。
結果は、101100 です。
44 は 101100（二）になります。

筆算で行う進数計算を、表計算ソフトを使って計算できるようシートを作ってみます。

― 例題 4 -01 進数計算 ―

　10 進数を任意の進数に変換するシートを作成する。

　変換したい進数の値を A2 に入力し、変換元になる 10 進数の値を B2 に入力する。

　下方向フィルを使うために B3 と D2 に入る数式を答えよ。

	A	B	C	D
1	進数	値		あまり
2	5	44		4
3		8		3
4		1		1
5		0		0
6		0		0
7		0		0
8		0		0
9		0		0

解説

　　進数にしたい値で割った商を B 列に、あまりは MOD 関数を使って D 列に作ります。

　　A2 の進数の値を固定的に使うので、絶対セル位置の表記をします。

【解答例】

　　　B3 に入る数式
　　　　　= INT(B2 / $A $2)
　　　D2 に入る数式
　　　　　= MOD(B2 , $A $2)

　例題では A2 に 5 を格納して、44 を 5 進数にしています。

　シートを完成したら、3 進数や 8 進数、12 進数や 16 進数にも対応していることがわかるでしょう。

　11 進数以上は、記号を使います。10 は A、11 は B、12 は C、13 は D、14 は E、15 は F というようにです。

　44 を 16 進数にすると、2 と 12 ですが、2C と書きます。

　$2 \times 16 + 12 = 44$　という意味です。

　　例題 4 -02 進数問題

　　　下記の表の空欄①から⑥までを埋めよ。

	10進数	2進数	8進数	16進数
1	888	001101111000	①	②
2	4000	③	7640	④
3	2009	⑤	⑥	7D9

解説

　10 進数は人のための表現ですが、機械は 2 進数、8 進数、16 進数を主として使います。2、8、16 の表示に慣れる方法があることを練習します。

　888 を例に解説します。

　2 進数を、001101111000 とは書かないで、3 つを島にして書きます。

001　101　111　000　となるはずです。3 つを単位として計算します。

001 は 1。101 は 5。111 は 7。000 は 0 ですから、1570（八）になります。

　8 進数は、4 つの島に分けて書くと、16 進数にするときに簡単になります。

0011　0111　1000 の 0011 を 10 進数にすると 3。0111 は 7。1000 は 8 ですから、378（十六）になります。

　2 進数の 3 つが 8 進数の各桁に相当し、4 つが 16 進数の各桁に相当する、ということがわかります。8 は 2^3 なので 3 桁、16 は 2^4 なので 4 桁という関係を持っています。

163

【解答】

　① 1570　　② 378　　③ 111110100000　　④ FA0

　⑤ 11111011001　　⑥ 3731

　数値を2進数に変換できることがわかったなら、今度は進数を使った四則演算の仕組みを練習します。

　基本的にコンピュータは、人が計算するような減算ができません。

　減算を使わずに、加算を使って減算をします。

　10進数で10までの正の数で考えてみましょう。

　7–3を考えます。人の場合は、暗算で4という解答をするでしょう。でもコンピュータは引き算ができないので、足し算を使って引き算をします。

　7–3の–3のところを、足して10になる数を一覧から探します。3に対しては7です。そこで7–3を7＋7に書き換えて計算します。加算なのでコンピュータは得意ですから14と解答します。14のうち1と4と読み取って、1つまり10の位は桁溢れ（オーバーフロー）と見ます。すると4だけが残ります。こうして7–3の解は4と答えます。

　2桁の場合は、100を使って計算します。

　77–33を計算します。–33は、足して100の数に置き換えられます。67という値を見つけ出します。つまり、77＋67を計算します。147を得ます。3桁目の1を無視します。47が残ります。解は47です。

　このように最大値（10や100）を使って減算する方法を補数計算といいます。10や100のことを補数といいます。

　補数を使えば、減算ができます。減算ができれば、四則計算ができます。

　10進数で補数を使うためには、足して10になる数や100になる数の一覧表が、どこかに書かれていなくてはなりません。

　しかし2進数の場合は、ビット反転（リバースともいいます。）という方法を使うことで補数を作ることができます。

　2進数の場合、1の補数を使って減算する方法と、2の補数を使って減算する方法の2種類あります。

　2の補数を使う手順を、練習してみましょう。

　10進数でいう7–3を題材に計算します。2進数を4桁でそろえて考えます。

　7を2進数に変換すると0111。

　3を2進数に変換すると0011。

0011をビット反転（0は1に、1は0に）します。結果は1100。

　このようにビット反転したものを1の補数といいます。

　これに1を加え2の補数にします。1100＋1＝1101。

0111+1101 ＝ 1 0100 になります。4桁の桁から溢れた1を無視して、解である0100、つまり4を得ます。

【乗算と除算】

10進数で44に100を掛けるような場合、44の後ろに0を2つつけて、4400として解を得ます。方法は、桁を2つ左にずらして0で埋めます。

2進数もこれと同じです。

7×3　を4つではなく8つの位を使って考えます。

7は、0000　0111です。

3は、0000　0011です。

3の0000　0011の1が最大で何桁のところにあるか見ます。答えは2です。最大2桁目にあります。そこで2桁を示す2から判断して左に1つシフトし0で埋めます。結果は、0000　1110になります。

これに0000　0111を加えます。加算後は、0001　0101つまり21になります。

3は、2＋1と分解して、1つ左シフトして、1回加算と解釈します。

7×5の場合も同じです。

5は、0000　0101です。最大3桁目にあります。そこで3桁を示す3から判断して左に2つシフトし0で埋めます。結果は、0001　0100になります。

つまり4倍、2^2します。これに0000　0111を加えます。

結果は、0010　0011つまり35になります。

5は、$2^2＋1$と分解して2つ左シフトして、1回加算と解釈します。

2倍は1個、左シフトで4倍は2個、8倍は3個、16倍は4個、それぞれ左シフトして0で埋めます。

除算は、右にシフトすることで実現します。0.5倍は1/2です。2^{-1}と書くように右に1つシフトします。0.25倍つまり2^{-2}は右に2個シフトします。

mビット左にシフト	元の数の 2^m 倍
mビット右にシフト	元の数の 2^{-m} 倍

【単位】

　一般に n 進数は、英語で BASE n といい、10 進数は、BASE 10 といいます。5 進数は、BASE 5 です。

　しかし、コンピュータで用いられる 2 進数は、BASE 2 ともいいますがバイナリー (binary) といいます。

　8 進数も BASE 8 ですが、オクタル (octal) といいます。

　16 進数は、ヘキサ (hexadecimal) といいます。

　10 進数は、デシマール (decimal) です。

　パソコンには、エンジニア向けにも使えるようにソフト電卓が装備されています。

　次に 2 進数を使った桁の単位を説明します。

　前節でも説明したように、電子レベルの溝に電子があるないを管理している 1 個の溝のことをビット (bit) といいます。つまり、1 ビットは 1 個の升目（1 桁）をイメージし、升には 1 または 0 のどれかが入っています。

　1 ビットで表現できることは、$2^1 = 2$、つまり 2 つあることになります。

　0011 のように 4 桁の場合は、4 ビットといい、8 桁は 8 ビットといいます。

　8 ビットは、1 バイト (Byte) といいます。

　4 ビットは升目が 4 つ並んでいて、0000 から 1111 までの表現、つまり $2^4 = 16$ 個の表現もしくは重複しない記号ができます。

　8 ビット（1 バイト）は、$2^8 = 128$ の表現ができます。

　1 バイトの 1000 倍、つまり 1024=2^{10} で、1000 に近いことから 1 キロバイト (KByte) といいます。

　1 KByte の約 1000 倍（1024 倍）を 1MByte（メガバイト）

　1 メガバイトの 1000 倍、つまり 1024 メガバイトを 1 ギガバイト (GByte)。

　1 ギガバイトの 1000 倍を 1 テラバイト (TByte) といいます。

　これらは、データの容量を示す単位です。1 メガバイト（フロッピー 1 枚分）なら、モノクロの 1 日の新聞の文字数なら有に記憶できます。3 分から 4 分くらいのサウンド（ミュージック）は、約 4 メガバイト使います。1000 曲分のサウンドを保管するには 4G バイト必要になります。

　理解を深めるために、表計算ソフトで補数計算を再現してみることにしましょう。

　表計算ソフトの LOOKUP 機能を使うのですが、例題を使って LOOKUP 機能を履修し、これを応用して補数計算の練習をします。

　もしも、読者の皆さんが LOOKUP の利用法を理解しているときは、次の「例題 4 -03LOOKUP」を飛ばして、例題 4-04 に挑戦してください。

─ 例題 4 -03 LOOKUP ───────────

　下記の表は、LOOKUP の練習用に作成した表である。

　G 列には LOOKUP されるコード、H 列は LOOKUP される項目（製品名）、I 列には、製品の金額（単価）を作成しておく。

　A 列と D 列が入力フィールドである。A 列には LOOKUP するコードを任意に入力すれば、そのコードに該当する項目と単価を参照して表示します。

　B 列と C 列に入る数式を完成させなさい。

	J33		⊗ ⊘ ─ fx						
	A	B	C	D	E	F	G	H	I
1	LOOKUPするコード	項目	単価	数量	金額		LOOKUPされるコード	項目	金額
2	N16	AAAAA-024	4000	1	4000		N01	AAAAA-009	1000
3	N05	AAAAA-013	1800	14	25200		N02	AAAAA-010	1200
4	N10	AAAAA-018	2800	12	33600		N03	AAAAA-011	1400
5							N04	AAAAA-012	1600
6							N05	AAAAA-013	1800
7							N06	AAAAA-014	2000
8							N07	AAAAA-015	2200
9							N08	AAAAA-016	2400
10							N09	AAAAA-017	2600
11							N10	AAAAA-018	2800
12							N11	AAAAA-019	3000
13							N12	AAAAA-020	3200
14							N13	AAAAA-021	3400
15							N14	AAAAA-022	3600
16							N15	AAAAA-023	3800
17							N16	AAAAA-024	4000
18							N17	AAAAA-025	4200

解説

　LOOKUP 関数は、パソコン上で行う参照関数です。

　コード表とコードに連なるデータの集合を、LOOKUP される側のデータとして参照データといいます。コード部をキーとかキーコードともいいます。

　A 列のセルに、コードを入力したなら、B 列と C 列にコード表からコードを参照して、該当するデータを返すように作ります。空白のときは、空白を返すという空白処理をしておきましょう。

　また、コード表になっているところは、コードをキーにソートしておかないと LOOKUP が上手く稼働しないことがあります。

　LOOKUP 関数が入力されるセルでは、コード表が絶対セルになっていなくてはなりませんので、コード表に何らかの名称を定義するか、$を使って絶対セルで範囲指定する必要があります。

エクセル　　　　　　　LOOKUP(　キーコード入力セル位置　,コード表範囲 ,コード表の中の参照セル列)

Calc or Numbers　LOOKUP(　キーコード入力セル位置　;コード表範囲 ;コード表の中の参照セル列)

【エクセルを使った解答例】

B2 に入る数式

=IF (A2 <> "" , LOOKUP (A2 , G $2:G $24 , H $2:H $24) , "")

C2 に入る数式

=IF (A2 <> "" , LOOKUP (B2 , H $2:H $24 , I $2:I $24) , "")

E2 に入る数式

=IF (D2 <> "" , C2*D2 , "")

【Calc および Numbers を使った解答例】

B2 に入る数式

=IF (A2 <> "" ; LOOKUP (A2 ; G $2:G $24 ; H $2:H $24) ; "")

C2 に入る数式

=IF (A2 <> "" ; LOOKUP (B2 ; H $2:H $24 ; I $2:I $24) ; "")

E2 に入る数式

=IF (D2 <> "" ; C2*D2 ; "")

　　LOOKUP の使い方がわかったら、これを応用して 10 の補数を使った加算と減算に挑戦します。一桁の場合は、10 の補数を使い、2 桁は 100 の補数を使います。

例題 4 -04　補数計算

　　下記の表は、補数を利用した加算と減算をシミュレーションするものである。

　　A 列と D 列は入力セルで、一桁の値を入力する。

　　C 列は、減算なら m を、加算なら p を入力する。

　　F 列は、I 列をキーとする補数表を参照して、補数を表示し加算するセルとする。

	A	B	C	D	E	F	G	H	I	J
		x	p/m	y	=	process	ans		minus value	complement
1										
2		9	m	6		13	3		1	9
3		4	p	5		9	9		2	8
4		8	m	2		16	6		3	7
5		7	p	5		12	12		4	6
6		7	m	5		12	2		5	5
7									6	4
8									7	3
9									8	2
10									9	1

解説

　　補数一覧は、I列とJ列を使って用意します。1に対しては9、2に対しては8、というように、足して10になる数を一覧にし、I列をキーとして作成します。

　　mなのかpなのかを判断して、減算であるmの場合は、LOOKUPして補数を加算し、1の位を表示させます。

【エクセルを使った解答例】
F2に入る数式
　=IF (C2 = "p" , B2+D2 , IF (C2 = "m" , B2 + LOOKUP (D2, $I $2: $I $19, $J $2: $J $19),""))
G2に入る数式
　=IF (C2 = "m" , RIGHT(F2 , 1) ,F2)

【Calc および Numbers を使った解答例】
F2に入る数式
　=IF (C2 = "p" ; B2+D2 ; IF (C2 = "m" ; B2 + LOOKUP (D2 ; $I $2: $I $19 ; $J $2: $J $19); ""))
G2に入る数式
　　=IF (C2 = "m" ; RIGHT(F2 ; 1) ; F2)

　　値を二進数にしてしまうと、ビットを反転することで0を1、1を0というように補数を作ることは簡単にできます。これをビット反転とかリバースといいます。補数表が不要になる分、表記するための文字列は、長くなるのが欠点です。

　　2進数、8進数、16進数は、やがてデータ表記に使われるようになります。

　　パソコンに映る全ての画像を2進数にすることで、モノクローム、グレースケール、カラー表記をするようになります。

　　データやアプリケーションソフトも、ファイル化して、HDDに保管し、使いたいときにいつでも呼び出して使う、という自由を実現しました。

　　なぜ、コンピュータ概論に進数計算を練習させられるかというと、コンピュータのコードであれファイルの中身であれ、すべてがバイナリー・ファイルになるからです。

　　バイナリー記号を解読する必要はありません。しかし、開発者であるならファイルのどの辺に何が書かれているかぐらいは、知っておく必要があります。

　次は逆ポーランド記法です。逆ポーランド記法は、逆ポーランド表記法や後置記法（Postfix Notation）ともいいます。

　本書第2章、第3章に解説した数式を再度確認してください。パソコンは、計算式はラインという単位でしかわからないので、表計算ソフト上のセルならば、たとえば、

　　　4 ＋ 5 × 6　は、　＝4＋5＊6

と書けば34という解を得ることができました。

　パソコン内部では、＝4＋5＊6　は、

　　　4 5 6 ＊ ＋

と書き直され、34という計算結果を算出します。

　A＋B × C　は、　BASICなら、A+B*C　と書きますが、実際に計算するときは、ABC＊ ＋　という記号に改めて、計算結果を得ます。

　パソコンが、数式を解釈して計算するモジュール（プログラムの完結した固まり、ライブラリー）をアキュムレータといいます。プログラムや数式の計算式は、逆ポーランド記法に従って、アキュムレータに飛ばされ、そこで計算した結果が、答えとして返されます。

　もちろん、パソコン内部での数式とアキュムレータとの送受信は、進数計算して行っています。ここでは、わかりやすく10進数を使ってトレースします。

　A+B*C　と書いてある数式を、ABC＊ ＋に書き換えた式のことを逆ポーランド記法といい、通常の計算順序と同様に除算・乗算を加算・減算の演算子より優先して計算するようにできています。

　逆ポーランド記法の表記ルールを説明しましょう。

　通常、4 ＋5 と書くものを、逆ポーランド記法では4 5 ＋ と書いて9を算出します。

　A＊B　はAB＊、A／Bは、AB／　と書きます。A＝Bは、AB＝　です。

　逆ポーランド記法は、原則として①その文の最後の演算記号から演算命令を記録します。括弧がある場合は、括弧内が独立して①の原則を保ちます。

　（1＋2）＊（4＋5）は、1 2 ＋ 4 5 ＋ ＊　となります。

　このように、逆ポーランド記法を採用すると、括弧の判別が含まれているので、演算を行う場合に括弧の処理が不要になる、という特徴を持っています。

　最後に、Y＝A＊X　のような式を逆ポーランド記法に乗っ取ると、どうなるかやってみましょう。最初に計算するのは、A＊Xですから、表記法を使えば、AX＊です。

　Y＝Pとすると、表記法では、YP＝です。PをA*Xの結果であるAX＊に置き換えると、

　　　YAX＊＝となります。

記述練習4-05　逆ポーランド記法1

　次の数式を逆ポーランド記法に従って書き直しなさい。

　　① 　D＝（A＋B）＊C

　　② 　Y＝（A＋B）＊（C＋D）

【解答4-05】
① 　D A B＋C＊＝
② 　Y A B＋C D－×＝

記述練習4-06　逆ポーランド記法2

　次の逆ポーランド記法による式を、通常の数式に直しなさい。

　　　　EAB＋CD－×＝

【解答4-06】
E＝(A＋B)×(C－D)

　逆ポーランド記法が理解できると、第2章や第3章で学んだ数式の記法のルールがわかります。

　数式では、＝ABS（D4＋PI()）　にはエラーはありませんが、

　＝AB S（D4＋PI()　は、エラーになります。ABSのような予約語ワードは、AB SとD4では解読できず、ワードや変数名にスペースを入れた場合、逆ポーランド記法が使えないからです。

　括弧の数も同じです。（　の数と　）の数は、同数でなくてはなりません。

　BASICの場合も、数式を入力するときは、LET命令を使っていました。現在はほとんど省略して使いますが、数式であるということを解読プログラムに宣言して、LET以下の数式を逆ポーランド記法して、インタプリタに解読させてアキュムレータに任せていました。

　開発者にとって重要なことは、逆ポーランド記法よりも、アキュムレータの概念です。

　プログラミング言語では、POPとPUSH命令を使います。

　パソコンのプロセッサー（CPU）には、いくつかの役割があって、その役割を遂行するためのモジュールがあります。画像の表示を司るモジュールもあれば、メインメモリから送られてくるプログラムの解読モジュールもあります。その中でも、計算せよ、という

命令に計算をするモジュールが、アキュムレータになります。

　アキュムレータは、コンピュータと同じで、比較や演算をする場合は、2つのもので行います。3つ同時には比較や演算することはできません。

　一時的に数字や記号を格納する場所を、スタックといいます。数字のことをオペランドといい、+/*-^ などの記号を演算子といいます。

　アキュムレータのルールは、2つしかありません。

○オペランドの場合は、スタックに格納しなさい。
○演算子の場合は、スタックに格納されている2つのオペランドを取り出し（演算して）結果をスタックに格納しなさい。

　（1＋2）*（4＋5）は、1　2　＋　4　5　＋　＊　でした。1　2　＋　4　5　＋　＊　を使って、アキュムレータがどのような計算結果を出すか、シミュレーションしてみましょう。

　1と2は、オペランドですから、スタックに格納されます。

　＋という演算子を読むと2つのオペランド（1と2）を取り出して演算するので、結果3を再度スタックに戻します。

　次に数式の4を読みます。オペランドなのでスタックに格納します。次も5というオペランドなので、スタックに格納します。

　次は、＋ですから、格納されている2つの4と5を取り出し演算して結果9を戻します。

　次を読むと、＊ですから、2つの3と9とを取り出し演算して27を返します。

①オペランド1と2をスタックに格納します。

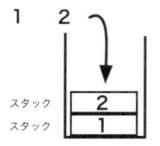

②演算子＋を読んで、2つのオペランドを呼び出し結果をスタックします

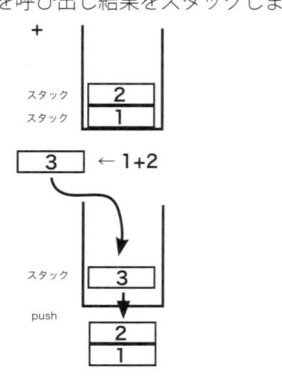

③オペランド4と5をスタックに格納します。

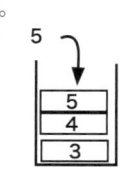

④＋を読んで、上から2つのオペランドを呼び出し結果をスタックします

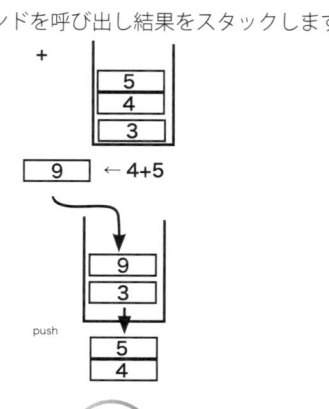

⑤演算子＊を読んで、2つのスタックを呼び出し結果をスタックします

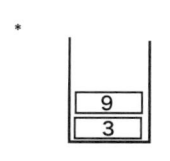

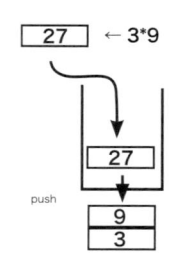

第4節　パソコン技能の応用例

　本書で培ったことが、応用分野として実際の現場ではどのように活かされるかを紹介します。

　その前に、 IT を駆使してきたプロのエンジニアに共通していることがいくつかあります。IT エンジニアのほとんどが心得としていることから紹介しましょう。

　パソコンを使って問題解決を図るためには、

1．日頃からまめにメモを取る。

　他者の優れたシステムやアルゴリズムがあったら、不明なところがなくなるまで何度も聞く習慣を持っています。契約後の打ち合わせに録音を録ることはあっても、基本的にはプロジェクトの目的や意味など、現場の対話の中から本質を聞き出そうとします。

　メモは、時々読み返され、整理して保管する人もいますが、ほとんどは、ノートにして印刷物を貼るなどして、できるだけ紙媒体で手元においておくことが多く、どんなプロでも「頭に入っています。」というような発言は一切見られません。

2．新しい技術を聞いたら、何に応用できるか考える。

　パソコンのことはもちろんですが、センサー技術、通信技術、動力技術など分野に関係なく、新しい技術に興味を持ち、興味を持ったものは、ネットで調べ、実際に使っている人がいたらメリット、デメリットを聞いて情報として保持しています。

　たいていは、新しい技術を取り入れた人の体験話や新しい技術を使うまでのエピソードとともに語り合い、情報交換をして精度を上げようとします。

3．良質のツールを持っている。

　ソフトウェアを含め、所有している機器やツールは、一流のものを使います。

　「最小の投資で、最大の効果」という節約心が強く、無闇に機材やソフトを買って試すということはありません。気の合う仲間とは、技術的な隠し事はせず、新しい機材導入の時は、既に導入している仲間から十分なメリットを聞き出して、自分にもできるかどうか検討してから導入します。多くの場合は、新しい仕事の費用対効果の中で検討します。

　上記以外に、何よりも粘り強い人が多いようです。数年前に行った工事や設置のことであっても、よく覚えていて、失敗と成功の事例を教訓としています。

　嘘のプログラムを書いて、何かが解決できるわけがないのと同様に、ミスやエラーを持ったまま、コンパイルは成功しないという体験は、技術は絶対に嘘をつかないという確信に

つながっています。

　できるか、できないか、という二者択一の世界で生きようとするので、あいまいや保留というのには耐えられず、何らかの対策をしようとすることもエンジニアの特徴です。つまり、成功したエンジニアには責任感が強いので、何らかの障害があっても対処できるようにするためには、プロジェクトの全てに渡って把握しておかなくては、信用を維持することができないのだ、と考えています。

事例1.[制御]エスカレータの手すり下に設置する白色LED装置の製作

製作・製造・設置指示　株式会社テトラシステムエンジニア
設置箇所　某国内空港内国際線64基のエレベータ
依頼事項　国際線増設に伴いエレベータの上り下りの指示を、手すり下に白色LEDを設置して、動的にわかるようにしてほしい。
目的　視力が弱い利用者の歩行支援。小電化つまり利用者がいないときは、エスカレータの稼働を止めるため、複数並んでいるときは入り口が利用者にわかりにくい。これを解消すること。
条件　エスカレータの曲線は、一台一台異なる。コントローラ設置箇所は、エスカレータの入り口に設置。配線工事は、エスカレータ本体設置中ではあるが、検品終了後にLEDを設置すること。LEDのカバーは、エスカレータメーカーが納品。LEDは、エスカレータが動く速度に合わせてほしいが、速度の段階があるので切り替えは、可能な限りでよい。

　現場をまとめると、だいたい以上のような状況であった。
　すぐに着手すべきは、エスカレータの全長測定や機材設置のサイズの限界値の把握であった。まだ完成していない空港の現場と設計図面を見て、測定し耐久性を検討した。
　次に、エスカレータの入り口の曲線に合わせたLEDの設置箇所と、その電気容量やケーブルの通り道などを調査します。サイズなどの注意点を確認して、実験的にLEDを並べ、プログラミングにかかる。
　LED制御の基盤ができたら、パソコンでプログラムして、コンパイルしてシミュレーションしLEDの点滅を確認する。
　このとき、LEDの移動速度がループ制御によって変化するかどうかを確認し、実際のエスカレータ速度と適合させる。同時に、切り替えができるようにしておく。
　プログラムが完成したら、ROMに焼き付けて、基盤に取り付け、パソコンがなくても稼働するかどうか、テストする。
　実際に設置するLEDを使って、耐久テストを行い瑕疵がないようにする。
　納品スケジュールを決めて、それに即して納品した。

左写真は、LED とコントローラの ROM プログラムが正しく稼働するか耐久テストを行っているところ。

左写真は、某国内空港の国際線に納品した動く手すり灯。
平成 20 年頃に納品したが、故障なく稼働中。

　この事案の成功は、日頃から常に新しい技術を追求してきたことや、メンテナンスをしなくても耐久性に優れ故障をなくするために、単純化を徹底したことにあります。

　実際の工期は6ヶ月間もなくて、64基の製品をテストするだけでも、かなりの時間を費やすことが経験則として持っていたために、工期に大きな変更がなかったのも特徴的なプロジェクトでした。

　次に紹介する事例は、河川の流速を非接触で測定し、5分ごとにデータを遠方に送信し続けるというものです。このミッションの最も困難なところは、非接触型のセンサー開発から始まったことです。

　もともとは、開発局の依頼で道路のつるつる路面を研究するために非接触型のセンサーを開発していました。非接触型のセンサーは、マイクロウェーブ（マイクロ波）を採用していました。マイクロ波は、波長によって無線波にもなり、電子レンジにもなります。金属と水には反射しますが、それ以外は貫通するという性質を持っています。

　超音波センサーを使ってもできそうでしたが、消費電力が大きく異っていて、マイクロ波センサーの方がよく、超音波センサーは強風に弱いという欠点がありました。

　これらのことを土台に、河川の流速を測定するという挑戦が始まりました。

事例2.[情報収集] 非接触型河川流速計の製作とネットワークおよび DB 型 WEB

製作・製造・設置　有限会社メディア２１
データベース・WEB ソフト製作　中村正弘先生
設置箇所　道内の２カ所の橋の右辺および左辺部
依頼事項　台風時および豪雨時における河川の水位と流速の計測。
目的　河川上流の流速の変化から、河川下流の市街および住宅地への災害予測の情報共有。

　左写真は、マイクロ波を測定する河川に向けて照射し、反射してきたマイクロ波を検知し、LAN で接続してルーターを使って送受信を実施。

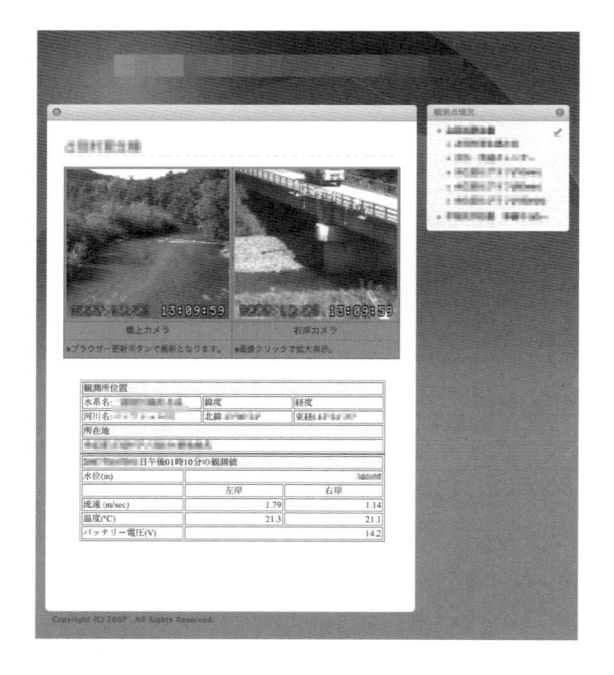

　左図は、マイクロ波とカメラ画像（静止画）を受信して DB に登録し、同時に WEB で閲覧できるようにしたもの。
　下写真は、このシステムを使って水害時の山岳河川の様子として、映像と流速を送信し続けたときのもの。

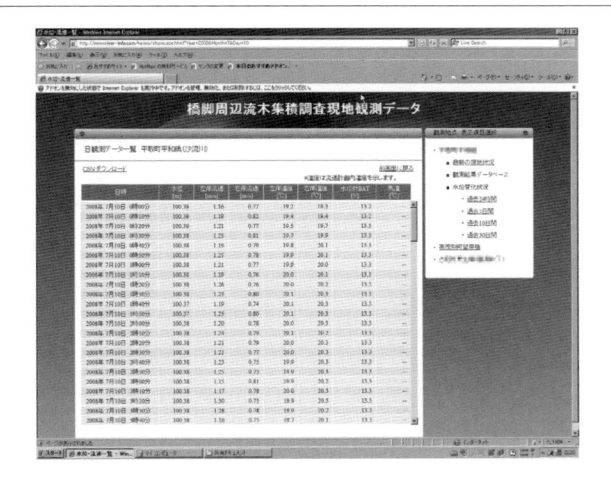

左図は、WEB の DB からデータを引き出し、CSV ファイルとしてダウンロードできる。

　この事例で難しい点は、LAN の構築と遠隔地（サーバー）までデータを送信する方法です。

　マイクロ波は RS232C 接続だったので、TCP/IP へ変換し現地のルータを介してサーバーに送る必要がありました。センサーは2台ですが、カメラ画像も2台ありました。

　それぞれに IP アドレスを設定して、固定 IP を使って WEB 上でデータを収集し DB 化するように設定することで成功することができました。

　このシステムは5年に渡って機能し、河川の流速と水位の計測を無人化して、情報を収集することができることを証しました。

　駆け出しのエンジニアが、本編の事例のようなプロジェクトを任されるということはありませんが、日々の積み重ねや経験が、プロジェクトを推進し成功裏に完成できることは、確かなことです。

　さらに付け加えるならば、パソコン操作がわかれば、HP の作成やデザイン関係の仕事が舞い込んでくるのではないかと考えることは、思い違いです。

　パソコンが普及して、一般にパソコン操作の技能が高まれば高まるほど、従来の仕事は激減します。なぜなら、パソコンが普及すれば、業務や複雑な仕事が汎化して、特殊能力を必要としていた仕事を、パソコンが行うようになるからです。

　例を挙げたら切りがないでしょう。年賀はがきのデザイン、名刺の作成、ビデオの編集と DVD 化、予算書の作成、文書管理、文献整理、統計による分析など、かつては、それらの作業を行うために長い時間を費やし、その道に長けたエキスパートが必要でした。しかしパソコンを使えば、短い時間で簡単にできてしまいます。

　これからも、パソコン操作を指南する人はある程度必要かもしれませんが、パソコン操作を知っているからといって、それを武器に仕事になるという時代は、とうに過ぎていることを自覚すべきでしょう。

この章のポストテスト

【問1】二進数以外の進数を使っては、コンピュータが実現できない理由を言いなさい。

【問2】アップル社のように MacOS はパソコンを開発機、iOS はデバイス（端末機）とする手法のメリットとデメリットをまとめなさい。

【問3】マイクロソフト社のように、全てのマシーンにウィンドウズを搭載するメリットとデメリットをまとめなさい。

【問4】パソコンおよびデバイス、端末の普及によって、社会様式が変化する分野とその分野の変化後の社会を簡潔にまとめなさい。

アペンデックス

本書で使ったソフトウェアの紹介

【ソフトウェアをダウンロードして利用するときの注意喚起】

　本書で紹介するダウンロード先の URL およびソフトウェアの責任は、本書の監修者および筆者、スタッフとは無関係です。

　読者自身の責任において、利用することに同意をいただいたものとしてご紹介します。

　また、ネットにパソコンを接続するときは、ウイルス対策を施して接続し、ウィルスに感染しない環境の中でダウンロードするよう警告します。

　本編に掲載した URL は、平成 28 年 1 月現在のものであり、以後の変更については、記載しておりません。ご了承ください。

第 1 章に登場した URL

VDT について

厚生労働省労働基準局
http://www.mhlw.go.jp/houdou/2002/04/h0405-4.html

パソコンの OS について

アップル社　日本向け HP
http://www.apple.com/jp/

マイクロソフト社　日本向け
http://www.microsoft.com/ja-jp/

第 2 章に登場したソフトウェア

【表計算ソフト】

アップル社 Numbers'09　上記紹介

MacOS X 10.9 以降から無償バンドルされ出荷されています。

マイクロソフト社**エクセル**およびオフィス　上記紹介

オープンオフィス
http://www.openoffice.org/ja/

【イラストレータおよびフォトショップ】

　アドビ社の CS2 を利用するためには、自身の PC 用メールアドレスが必要です。

　アドビ社（日本法人）の HP の URL　　http://www.adobe.com/jp/

　CS2 のバージョンは、現在でも稼働するかどうかは、OS のバージョンによって異なります。

　ウィンドウズ 8.1 までは、稼働することを確認していますが、レジストリーが一部衝突を起こしているので、後述するように衝突しないように設定する必要があります。

　MacOS X の場合は、10.6 までです。それ以後の X バージョンでは、稼働しません。

　上記の条件を満たしていることを確認してから、CS2 を体感しましょう。

ダウンロードからインストールまで

　メールアドレスを使って、アドビ社の但し書きをよく読み、アドビ社に登録し、アドビ社用の ID とパスワードを発行してもらい、ログインします。

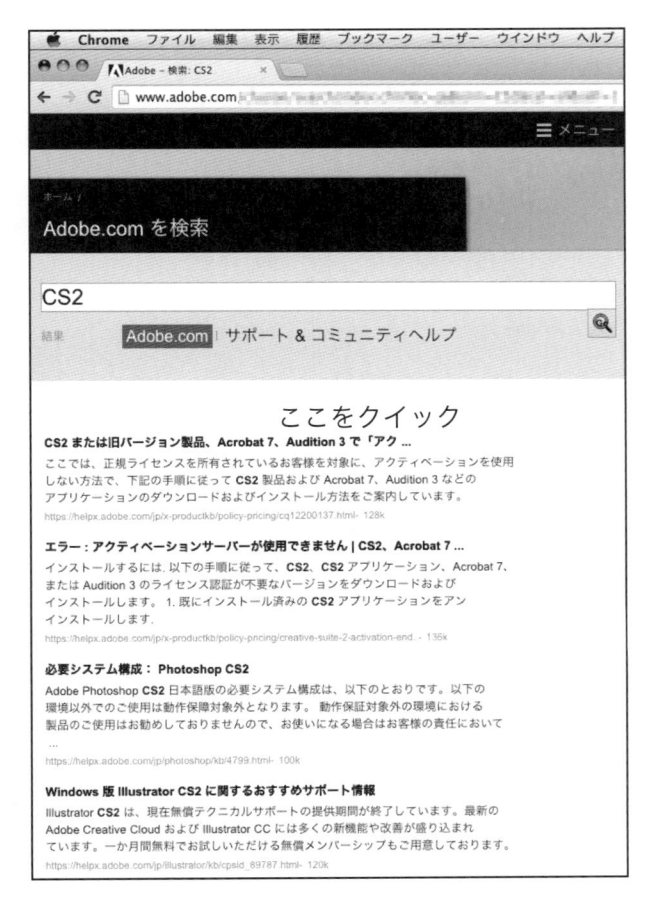

　ログインしたら、アドビのマイページの中の「検索」を選択して、フィールドに CS2 と入力し、検索実行します。

　旧バージョンとして紹介を見つけ、クリックして CS2 のページに飛びます。

　SC2 のページが表示されます。よく読んでページをスクロールすると、下記のような表が表示されます。

　その中の「日本語」を見つけクリックします。

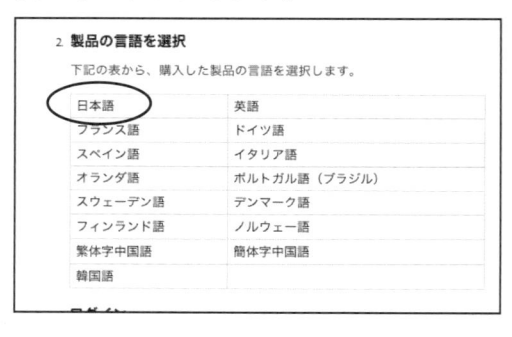

　すると、次のページにあるようなダウンロード画面に切り替わります。同意にチェックしてダウンロード画面に進んでください。

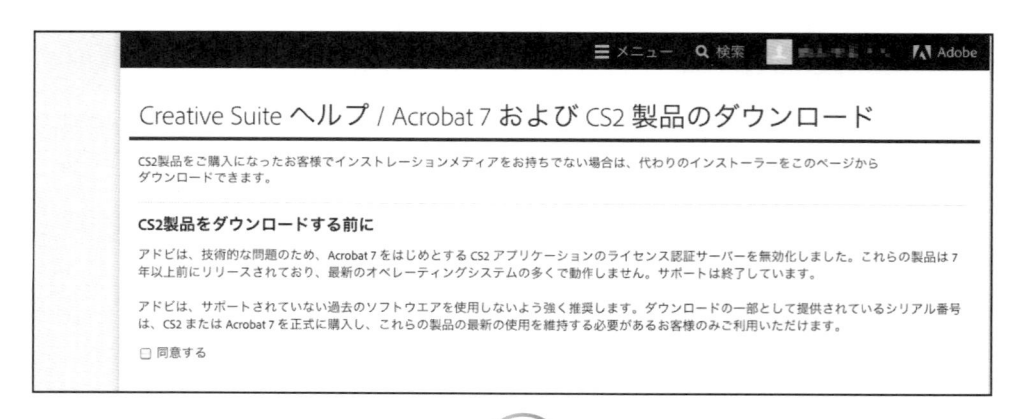

SC2 のダウンロード画面が表示されたら、スクロールして、下記の表を表示します。

表の中のシリアル番号は、インストールするときに使いますので、このままダウンロードしてインストールを続け、シリアルの要求があったらコピー＆ペーストしてアクティベーション登録します。

製品	プラットフォーム	ダウンロード	シリアル番号
Creative Suite 2	Mac OS	CS2_install_Mac.pdf	████████████
		CS_2.0_JP_NonRet_D1.dmg.bin	
		CS_2.0_JP_NonRet_D2.dmg.bin	
		CS_2.0_JP_NonRet_D3.dmg.bin	
		VCS2.dmg	
		CS_2.0_Jp_Extras_1.dmg.bin	
	Windows	CS2_install_Win.pdf	████████████
		CS_2.0_Jp_NonAct_D1.exe	
		CS_2.0_Jp_NonAct_D2.exe	
	Windows	GL_CS2_Jp_NonRet.exe	████████████
Illustrator CS 2	Mac OS	AI_CS2_Jp_NonRet.dmg.bin	████████████
	Windows	AI_CS2_Jp_NonRet.exe	████████████
InCopy CS2	Mac OS	IC_CS2_JP_NonRet.dmg.bin	████████████
	Windows	IC_CS2_Jp_NonRet.exe	████████████
InDesign CS2	Mac OS	IDCS2_RNH_Jp.dmg.bin	████████████
	Windows	ID_CS2_Jp_NonRet.exe	████████████
Photoshop CS2	Mac OS	PS_CS2_JP_NonRet.dmg.bin	████████████
	Windows	PS_CS2_JP_NonRet.exe	████████████
Adobe Premiere Pro 2.0	Windows	PPRO_2.0_Ret_NH_JP.zip	

該当するファイル名をクリックしてダウンロードしたら、インストールを行います。

インストール中に、シリアルを聞いてくるので、上記のシリアル表から、該当するソフトのシリアルをコピー＆ペーストして登録します。

ただし、ウィンドウズ 8.1 上では日本語入力のレジストリーと衝突することがあるので、下記のようなエラーを表示して、フォトショップ CS2 が起動しないことがあります。

その場合は、次のページに紹介する手順を使って、システム設定を行ってリスタートすれば、たいていは稼働します。

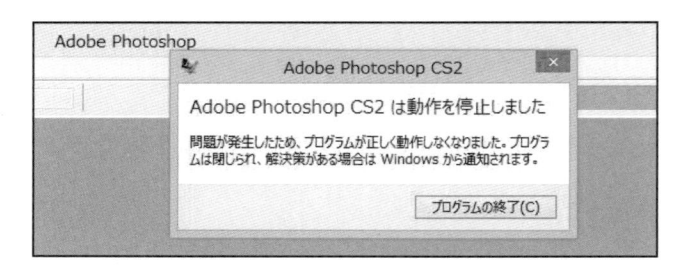

【windows8.1 でフォトショップ CS2 と日本語入力プログラムとの衝突を避ける設定】

　コントロールパネルのシステムとセキュリティを選択するか、コントロールパネルホームをクリックして、「時計、言語、および地域」を選択します。

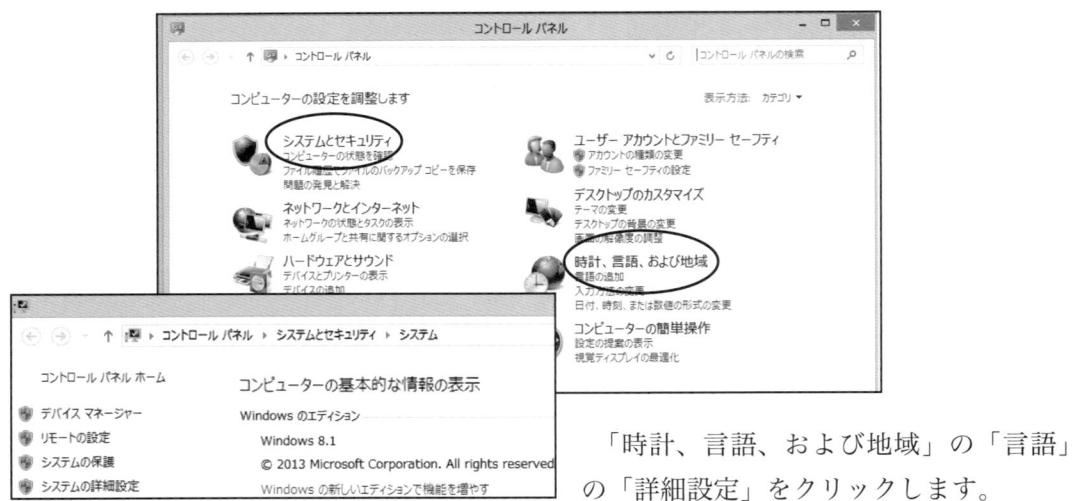

　「時計、言語、および地域」の「言語」の「詳細設定」をクリックします。

　下記のような画面になったら、入力の切り替えの□アプリ　ウィンドウごとに異なる .... の項目にチェックを入れ、画面下の「保存」ボタンをクリックして再度起動すれば、衝突が回避されます。

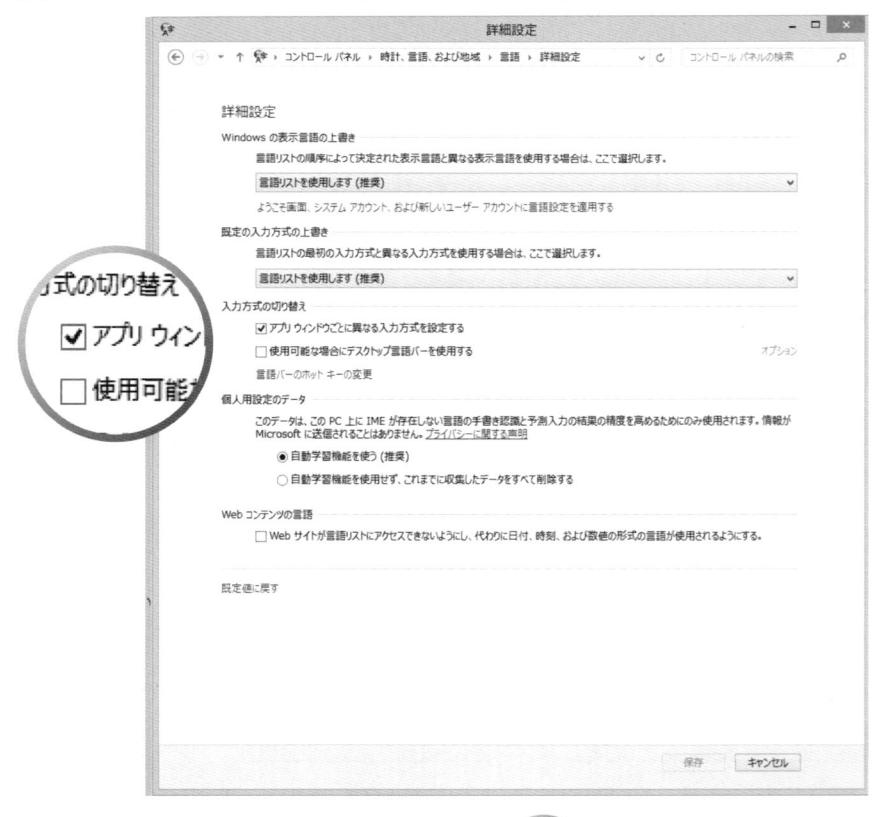

第３章に登場した URL

【BASIC】

■ Chipmunk Basic　URL　http://www.nicholson.com/rhn/basic/
シマリス BASIC　ウィンドウズ /MacOS X

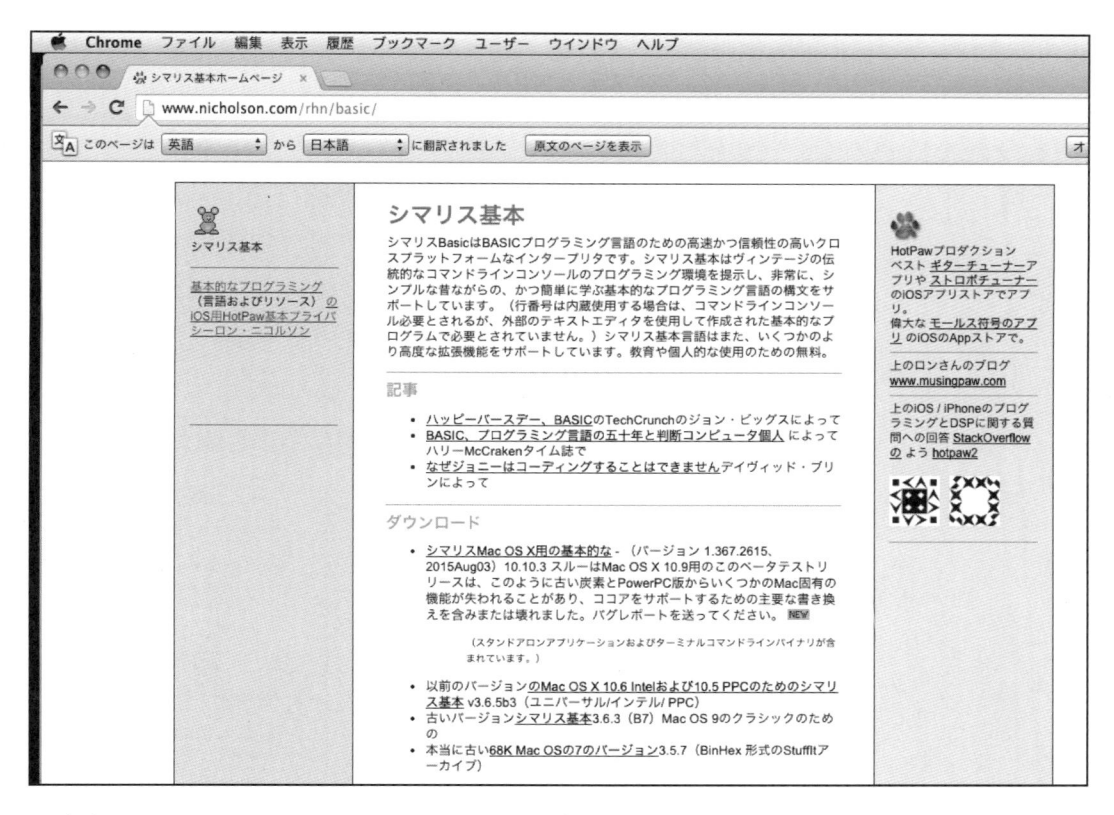

本書での BASIC は、Chipmunk BASIC を使用しています。

　自分が使っているマシーンと OS に合わせて、ダウンロードし、インストールしてください。

※上記の WEB 画面は、自動翻訳によって日本語に変換されたものを掲載しました。

　Chipmunk BASIC は、2バイトつまり日本語入力でプログラムを記述しようとしたら、対応していないので、日本語モードでの入力時はマックの機械語表示されます（下図参照）。

　Chipmunk BASIC を利用するときは、半角英数に切り替えてから入力してください。

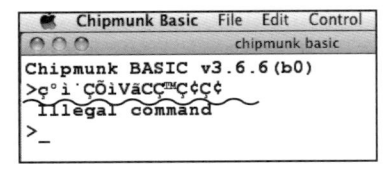

　Chipmunk BASIC のエディタは、日本語対応（2バイト対応）していないので、無理に入力すると図の2行目のように文字化けし、return キーを押すと、解読不能なコマンドです、というエラーを表示します。

■ウインドウズで稼働する BASIC

タイニー BASIC 　　　URL 　　http://www.tbasic.org

　プログラムのエディタとプログラム実行後の出力は、画面分けされています。

　Chipmunk BASIC も TinyBASIC も、独自の拡張子を持っています。

　テキストエディタに記述されたプログラムをコピー＆ペーストを使って追加、編集がLできます。

手書き作法

英数文字を使って、プログラミングをするときは、文字に誤解がないように、一定のルールがあります。

ＯとＯを見分けるために、ÔとØのように書き分けをします。

他にも、２とＺなど多々あるので、プログラマーの先人の方々は、下記のような書き方ルールを作って、汎用機時代に普及させました。

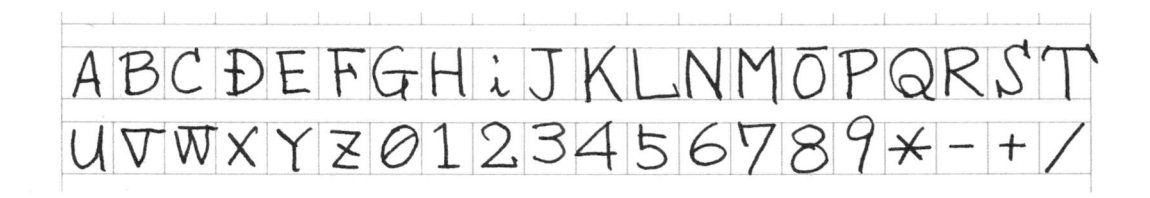

手書きでスペースを入れるときは△を使います。

下記の手書き文は、REM命令でコメントを書くよう指示する文章ですが、プログラミングエンジニアやパンチャーは、下記のように解釈してプログラムを入力します。

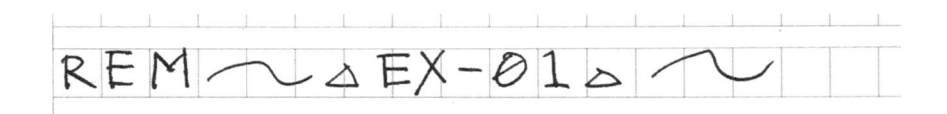

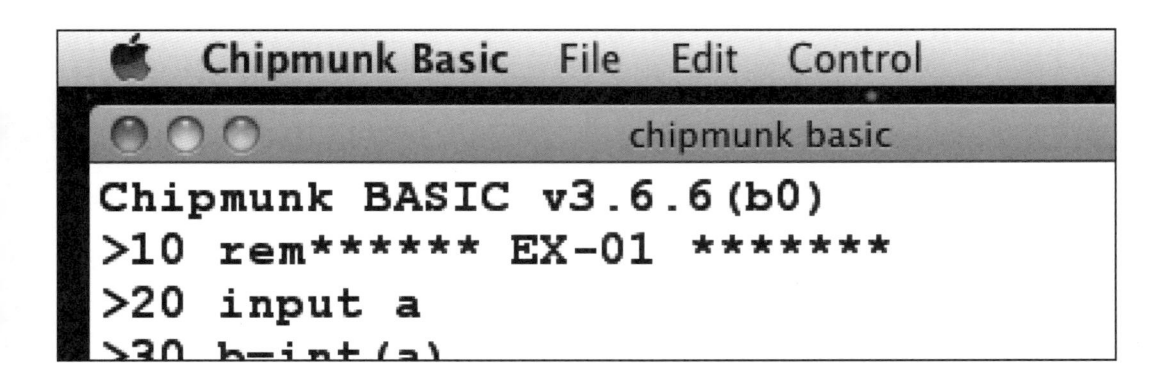

パソコンでは、monacoフォントを用いると、Ｏ（ゼロ）に斜線が入ります。

特に、Ｃ系のオブジェクト指向型のプログラムは、呼び出し関数に多くの英単語を使うようになったので、似たような文字と間違わないフォントを使って、共有化するのが普通です。

ソフトキーボードとマークの名称

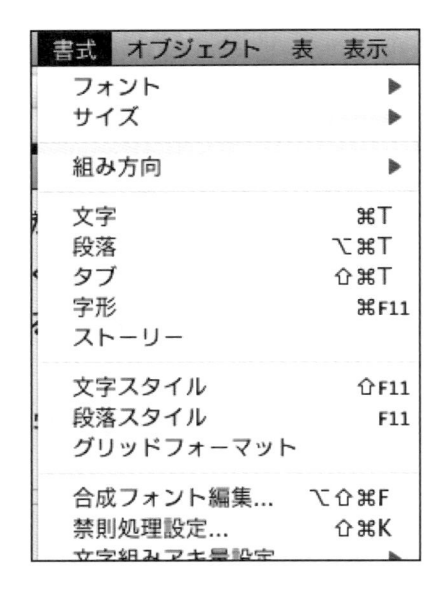

左図は、某ソフトウェアのメニューの一部です。

メニュー名の右にある記号は、キーボードのショートカットキーを指します。

例えば MacOS X でメニューのコピーは、キーボードでは⌘キーを押したままで、C キーを押せば、同じことをします、という意味です。

ウィンドウズでは、ショートカットキーは⌘キーがないので、Ctrl（コントロール）キーを使います。

例えば、コピーは Ctrl キーを押したまま、C キーを押す、というようにです。

しかし、右の図のような、見たこともない記号でショートカットキーを示されても、謎は深まるばかりです。

そのようなときは、キーボード画面（これを MacOS X ではソフトキーボードといい、ウィンドウズではスクリーンキーボードといいます）を出して、キーの位置を確認することができます。

下記の図は、MacOS X の例です。

画面右にある「A」または「あ」を選択し、メニューを表示したら、「キーボードビューアを表示」を選びます。

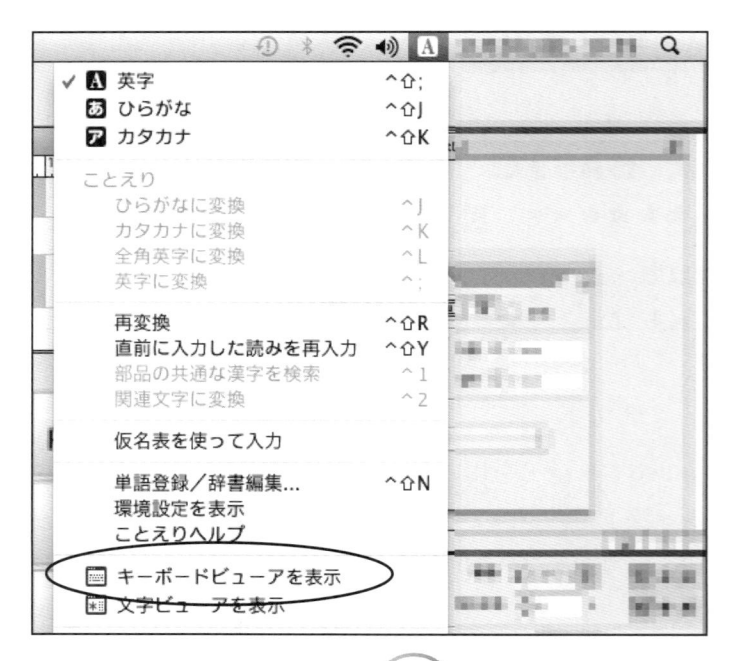

　上図は、キーボードが自然な状態を示し、下図は、実際のキーボードの Shift キーを押したときの図です。

　ソフトキーボードは、実際のキーボードと同じで、連動しています。

　下図は、実際のキーボードの option キーを押したときの図です。ユーロ記号など、半角英数で使うことができるキーの位置が示されます。

　ただし、使っているフォントにも影響します。

　フォントの中に、キー記号が指定するキー記号がないときは、ソフトキーボードを使って、入力しようとしても表示されないことがあります。

　ソフトキーボードを仕舞うときは、右のメニューの「キーボードビュアを隠す」を選択するか、ソフトキーボードの右にある三つの〇ボタンの赤い方をクリックして閉じます。

　ウィンドウズでは、ソフトキーボードとは言わず、スクリーンキーボードといいます。

　ウィンドウズ上でスクリーンキーボードを表示するためには、いくつかの方法がありま

すが、基本的にはコントロールパネルの「コンピューターの簡単操作」をクリックして、「コンピューターの簡単操作センター」をクリックして、「コンピューターの簡単操作センター」の画面に切り替えます（図下参照）。

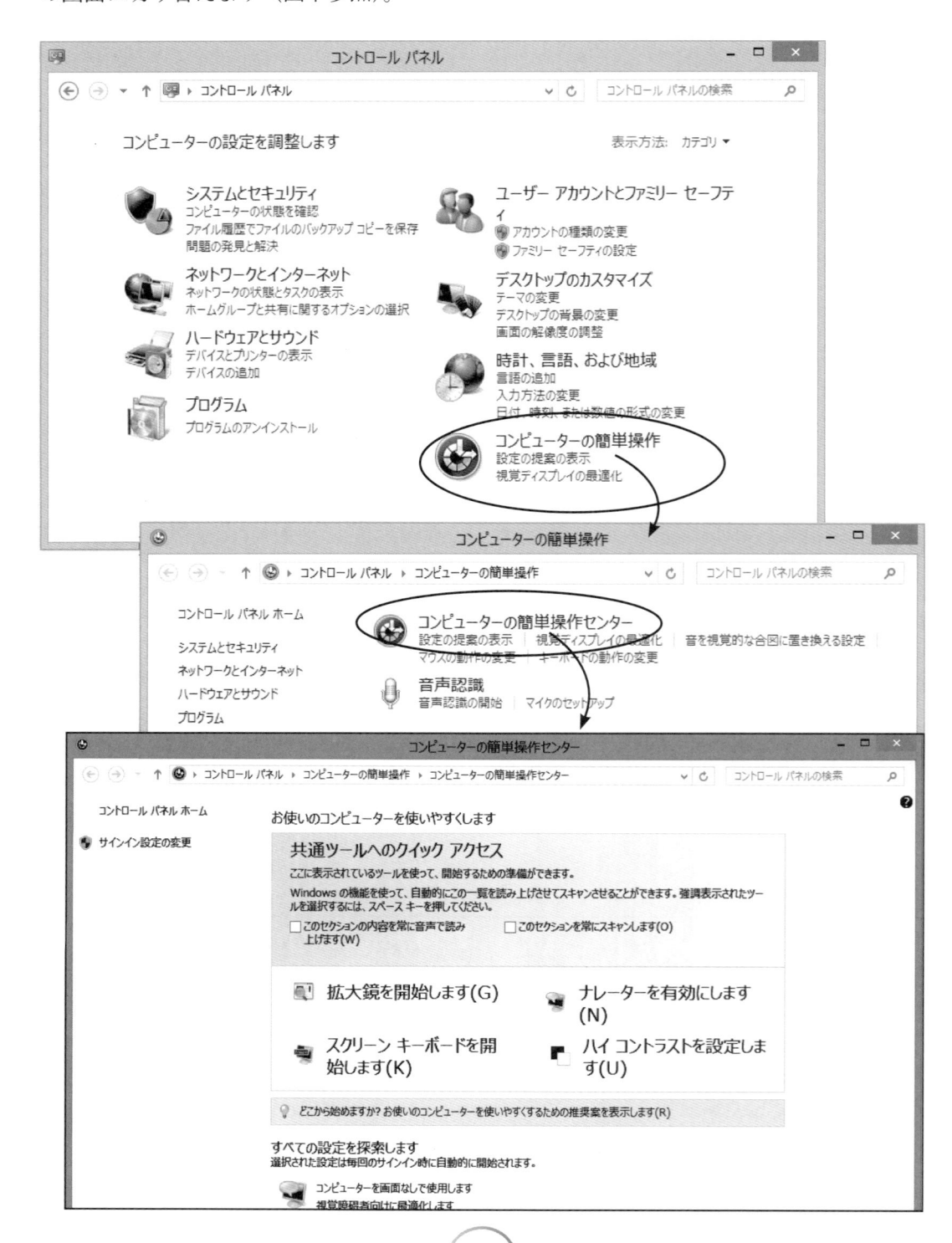

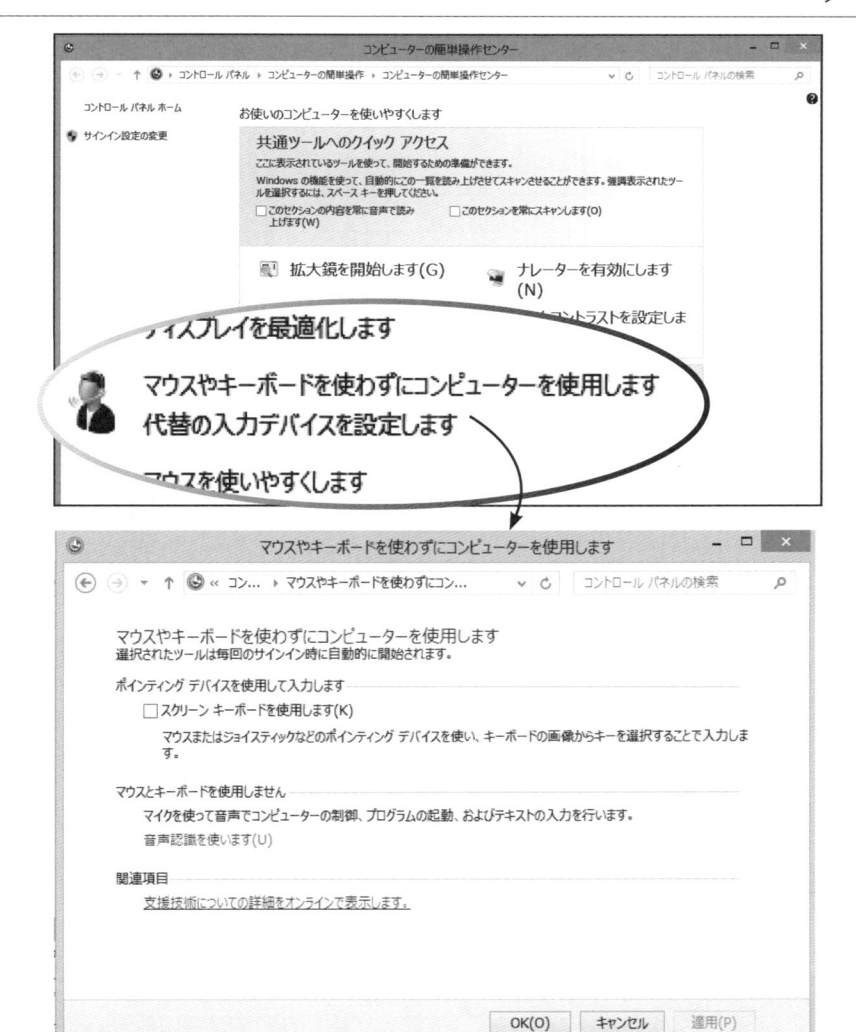

「マウスやキーボードを使わずに ....」の

　　　□スクリーンキーボードを使用します

のチェックボックスの有無で下記のようなキーボードが表示されたり、隠すことができます。ウィンドウズのスクリーンキーボードは、×記号のボタンをクリックしてなくても、リスタートすると再び表示されます。

半角英数で使うアルファベット記号以外の記号の名称を、表にしました。

キートップ	名称　呼び名	用法　説明
＝	イコール	
／	スラッシュ	演算÷
＊	アスタリスク	演算×
－	マイナス　ハイフン　ハイホン	演算－
＋	プラス	演算＋
＜　＞	ギュメ　山がた	小なり、大なり
！	エクスクラメーションマーク 感嘆符　雨だれ	3!2
"	ダブルクォーテション	"123"
＃	シャープ　ヌメロ	#1
＄	ダラー　ドル	セルの絶対記号
％	パーセント	1＝100%
＆	アンパサンド	文字列の結び
`	アポストロフィー	Don't
（　）	バーレン　括弧	括弧
～	ハット	post/~post
＾	カレット	乗算　5^ 2
｜	バーティカルバー	
￥	エンマーク	￥100,000
＠	アットマーク	info@home.com
？	クェスチョンマーク／耳垂れ	
｛｝	中括弧	
＿	アンダーバー	hoshi_no_press
：	コロン	http://
；	セミコロン	if(s>3;goto10)
，	カンマ　コンマ	￥100,000
．	ピリオド　ドット	3.14

　現在の英語向けのキーボードは、元々タイプライターのキーの並びとほとんど同じです。日本のキーボードには、上記の￥マークがあります。純粋な英数キーボードで￥マークは、｜（バーティカルバー）の場所にあります。バックスラッシュとも言います。

制御および文字キーの他のキーを表にしました。

キートップ	名称　呼び名	用法　説明
shift	シフトキー　⇧	日本語の「と」を意味する
enter	エンターキー　⚞	決定や改行
return	リターンキー　↵	決定や改行
delete	デリートキー　⌦	削除
BackSpace	バックスペースキー　⌫	1文字削除
Alt	オルトキー	
Caps Lock	キャップスロック　⇧	
Tab　tab	タブキー　→|	
control　Ctrl	コントロールキー　^	
option	オプションキー　⌥	
コマンド	コマンドキー　⌘	
・	中黒	日本語のみ
〜	から／波ダッシュ	日本語のみ
「」	鍵括弧	日本語のみ
『』	白抜き鍵括弧	日本語のみ
【】	隙付き括弧	日本語のみ
{}	中括弧	日本語のみ
※	米マーク / 米印	日本語のみ

その他の特殊記号

記号	名称	使用例
©	著作権記号	©Ebina Nobuhide
…	省略記号	じゅげむじゅげむ…
¶	改行記号・段落記号	" Today ¶is¶fine. "
®	登録商標記号	®
§	セクション記号	§ 12
™	米国商標記号	™

製作環境と出典について

【製作環境】
編集・DTP・デザイン・イラストレータ　著者　蝦名信英

マシーンと OS　Apple 社 Mac mini　他　MacOS X 10.6 および 10.11
　　　　　　　　ヒューレット・パッカード社 E5200　マイクロソフト社 Windows8.1

使用した主なソフトウェア　Adobe InDesign CS2、Adobe Illustrator CS4、Adobe PhotoShop CS4

【デザイン画】
　本編に登場したアプリケーションのアイコンおよび操作画面は、筆者が個人的に購入したものを画面撮りして掲載用に加工したものを配置しています。
　また、本書には、同著者の「マルチメディア事典」ソフトバンク 1994 年および執筆担当した「マッキントッシュ・ガイド・ブック」ソフトバンク 1998 年と同著者の「BASIC でわかる数学」ソフトバンク・パブリッシング 1999 年に掲載した筆者デザインの描画および年表など、追加して再利用したものがあります。

【本書の訂正】
本書の正誤、誤字脱字、訂正は、下記のホームページで行っています。

　　　http://www.santapress.me/pasocon_book/

【参考文献】順不同

「BASIC でわかる数学」
　　　蝦名信英著 / 八鍬信幸監修：ソフトバンクパブリッシング（1999 年）

「ノイマンとコンピュータの起源」
　　　William Aspray 著 / 杉山滋郎・吉田春代共訳：産業図書（1995 年）

「コンピュータの誕生」―イギリスを中心に
　　　S. ラヴィントン著 / 末包良太　訳：蒼樹書房（1981 年）

「ALAN TURING　The architect of the computer age」（1996 年）
　　　Ted　Gottfried 著 / 米国　Moffa Press,Inc.

「CHARLES BABBAGE　　Passages from the Life of a Philosopher」（1994 年）
　　　Martin Campbell-Kelly 著 / 英国　Rutgers University Press & IEEE Press.

おわりに

本書を書き上げる過程で、多くの方々のご協力と励ましがありました。

誠にありがとうございました。

特に、本書の技術的な裏付けや事例の提供、アドバイスをいただきましたメディア21社の代表取締役 西門泰洋さん(http://www.media-21.com/)には大変お世話になりました。また、株式会社テトラシステムエンジニアの代表取締役 平賀隆社長。現在、医師をされていらっしゃいます中村正弘先生におかれましても、本書のために事例の掲載をお許しいただきました。この場をお借りして、お礼申し上げます。ありがとうございます。

本書で紹介した技能が、新しい社会を築くための糧となることを願って、終わりの言葉とさせていただきます。

お買い上げありがとうございました。

監修者・著作者　紹介

監修者　**小野哲雄**（おのてつお）　昭和35年1月生まれ　北海道岩見沢市出身地

岩見沢小学校　岩見沢東光中学校　岩見沢西高等学校　北海道教育大学岩見沢校
専攻　小学校課程　教育心理　小学校教諭1級普通免許
学校法人桑園学園札幌ソフトウェア専門学校専任講師6年勤務後、1997年北陸先端科学技術大学院大学情報科学研究科博士後期課程修了。同年（株）ATR知能映像通信研究所客員研究員。2001年公立はこだて未来大学情報アーキテクチャ学科助教授、2005年同学科教授。2009年北海道大学大学院情報科学研究科教授.　博士(情報科学)。ヒューマンエージェントインタラクション、ヒューマンロボットインタラクション、インタラクティブシステムに関する研究に従事。
論文多数　各賞受賞多々

現在　北海道大学大学大学院情報科学研究科 情報理工学専攻
　　　複合情報工学講座　ヒューマンコンピュータインタラクション研究室　教授

著作者　**蝦名信英**（えびなのぶひで）昭和33年4月生まれ　北海道夕張市大夕張鹿島出身

東野幌小学校　江別第二中学校　江別高等学校　札幌予備校　北海道教育大学岩見沢校
専攻　小学校課程　教育心理　小学校教諭1級普通免許　中学校教諭1級普通免許（社会科）　高等学校教諭2級普通免許（社会科）　剣道二段位　著作多数
学校法人桑園学園　札幌ソフトウェア専門学校専任講師2年。専門学校勤務中にアップル社マッキントッシュと出会い、パソコン界へ。システムソフト販売札幌支店長、亜土電子工業札幌営業所所長、アップルセンター札幌/T・ZONE札幌設立運営の傍ら、北海道教育大学岩見沢校非常勤講師を兼務および、HTB南平岸インターネット（ローカルテレビ）レギュラー出演2年間。その後、独立。
コンピュータは、大学在学中の心理学統計処理から。高校の同輩が室蘭工業大学の学生だったので、彼らからの指導によりプログラミングを学んだのが最初。
大学在学中に、小野先生と巡り会い、学生中のアルバイトと札幌ソフトウェア専門学校専任講師をともにしてきた。その後も交流を持ち、エンジニアの志士育成を決意。

パソコン操作の基礎技能

平成 27 年 2 月 22 日　　初版第 1 刷発行

定価はカバーに表示
してあります。

© 著者・発行者　蝦　名　信　英

発　行　所　サンタクロース・プレス合同会社
Ｕ　　Ｒ　　Ｌ　http://www.santapress.me

住　　　　所　北海道札幌市北区北 27 条西 9 丁目
2 番 10 – 505 号
郵便番号　001-0027
電話　011-758-6675

印刷所　株式会社平河工業

Printed in Japan　　ISBN978-4-9908804-0-8

しおり ○

パソコン操作の基礎技能

読者の皆様からのご意見・ご感想

書名　パソコン操作の基礎技能

弊社サンタクロース・プレスの本をお買い上げいただきありがとうございます。ご意見・ご意見をお持ちしております。

1. 本書はお役に立ちましたか。○印で示してください。

a. 役に立った　　　　b. あまり役に立っていない

c. 役に立たない

2. 本書で改善してほしいところがあれば、お書きください。

3. ご意見ご要望がございましたらお書きください。

ご意見ありがとうございました。切手を貼って投函ください。

簡易テンプレート定規　点線部をカットしてくり抜き、フローチャートテンプレート定規として使います

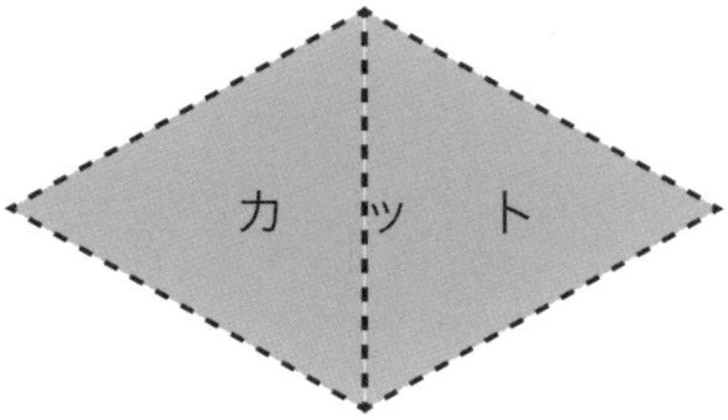

カット

端　子

カット

分岐・判断

カット

カット

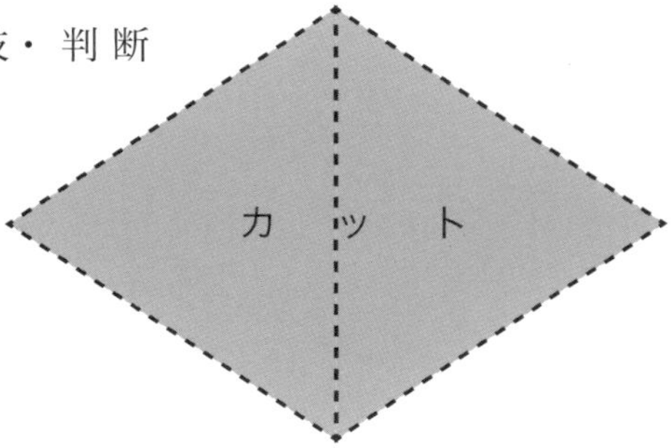

郵 便 は が き

０ ０ １ － ０ ０ ２ ７

北 海 道 札 幌 市 北 区 北 27 条
西 9 丁目 2 番 10 の 505 号

サンタクロース・プレス合同会社　行

読者の皆さんの住所氏名

郵 便 番 号

ご 住 所

ご 氏 名

ご購入店名

しおり　〇

第 2 章

http://www.it-study.biz/saito_2/
pasocon_book/pasocon2.html

第 3 章

http://www.it-study.biz/saito_2/
pasocon_book/pasocon3.html

第 4 章

http://www.it-study.biz/saito_2/
pasocon_book/pasocon4.html

簡 易 テ ン プ レ ー ト 定 規